U0230291

给孩子讲
进化论

［日］池田清彦　著　苏凌峰　译

清华大学出版社
北京

北京市版权局著作权合同登记号　图字：01-2024-2448

图书在版编目 (CIP) 数据

给孩子讲进化论 /（日）池田清彦著；苏凌峰译. —— 北京：清华大学出版社，2025. 3.
ISBN 978–7–302–68390–2

Ⅰ. Q111–49

中国国家版本馆CIP数据核字第2025L7N791号

责任编辑：孙元元
封面设计：谢晓翠
责任校对：王淑云
责任印制：杨　艳

出版发行：清华大学出版社
　　　　网　　址：https://www.tup.com.cn，https://www.wqxuetang.com
　　　　地　　址：北京清华大学学研大厦 A 座　邮　　编：100084
　　　　社 总 机：010-83470000　　　　　　　邮　　购：010-62786544
　　　　投稿与读者服务：010-62776969，c-service@tup.tsinghua.edu.cn
　　　　质量反馈：010-62772015，zhiliang@tup.tsinghua.edu.cn
印 装 者：三河市春园印刷有限公司
经　　销：全国新华书店
开　　本：140mm×210mm　　印　张：7.625　　字　　数：176 千字
版　　次：2025 年 3 月第 1 版　　　　　　印　　次：2025 年 3 月第 1 次印刷
定　　价：79.00 元

产品编号：105705-01

目 录

 第 1 章 　 "进化论"是什么?

01 神创论 2
02 先成说 3
03 拉马克（1744—1829）4
04 居维叶（1769—1832）6
05 达尔文（1809—1882）8
06 孟德尔（1822—1884）10
07 法布尔（1823—1915）12
08 魏斯曼（1834—1914）14
09 德弗里斯（1848—1935）16
10 梅里兹可夫斯基（1855—1921）18
11 戈尔德施米特（1878—1958）20
12 海克尔（1834—1919）22
13 费希尔（1890—1962）24
14 迈尔（1904—2005）26
15 今西锦司（1902—1992）28
16 杜布赞斯基（1900—1975）30
17 赫胥黎（1887—1975）32
18 梅纳德·史密斯（1920—2004）34
19 木村资生（1924—1994）36
20 马古利斯（1938—2011）38
21 埃尔德雷奇（1943—）40
22 古尔德（1941—2002）42
23 道金斯（1941—）44
24 新达尔文主义 46
25 拉马克学说 47
26 骤变论 48
27 直向演化论 49
28 进化博弈论 50
29 红皇后假说 52
30 结构主义进化论 54
31 李森科主义 55

 第 2 章 　 进一步了解进化论

32 进化 58
33 微观进化 59
34 宏观进化 60
35 趋同进化 61
36 进化性的退化 62
37 协同进化 63
38 性状 64
39 获得性状 65
40 同源性状 66
41 物种 67

42 物种分化 68

43 选择（淘汰） 70

44 适应 72

45 能动适应 74

46 隔离 75

47 变异 76

48 突变 77

49 遗传漂变 78

50 基因库 79

51 哈迪-温伯格定律 80

52 基因交流 81

53 等位基因 82

54 纯合子 83

55 杂合子 84

56 假基因 85

57 基因传递 86

58 分子钟 88

59 多倍体 89

60 异位显性（上位效应） 90

61 表现型 91

62 表现型可塑性 92

63 瓶颈效应 93

64 奠基者效应（始祖效应） 94

65 先天行为 95

66 利他行为 96

67 发育 97

68 系统 98

69 灭绝 100

70 生物群 101

71 内共生学说 102

72 SNP（单核苷酸多态性） 102

73 最大简约法 103

74 生态位 103

第 3 章　地球最初的生命

75 地质年代 106

76 沉积岩 108

77 地层 109

78 放射性碳定年法（碳 14 断代法） 110

79 板块运动 111

80 陨石 112

81 火山 113

82 超大陆 114

83 特异埋藏化石库 115

84 叠层石 116

85 氧气 117

86 地球史上 5 次生物大灭绝 118

87 雪球地球 119

88 细胞 120

89 单细胞生物 121

90 多细胞生物 122

91 域 123

92 古细菌 124

93 细菌 125

94 病毒 126

95 埃迪卡拉动物群 127

96 埃尼埃塔虫 128

97 金伯拉虫 129

第 4 章　生命走向多样化

98　寒武纪生命大爆发　132
99　奇虾　134
100　欧巴宾海蝎　135
101　怪诞虫　136
102　皮卡虫　137
103　动物系统树　138
104　躯体蓝图　140
105　原口动物　141
106　后口动物　142
107　二胚层动物　143
108　三胚层动物　143
109　对称性　144
110　体腔结构　145
111　体节　146
112　海绵动物　147
113　扁盘动物　148
114　栉水母　149
115　刺胞动物　150

116　毛颚动物　151
117　冠轮动物　152
118　蜕皮动物　153
119　棘皮动物　154
120　半索动物　155
121　脊索动物　156
122　线虫　157
123　变态　158
124　节肢动物　159
125　四足动物　160
126　两栖类　161
127　羊膜类　162
128　爬行类　163
129　恐龙类　164
130　鸟类　165
131　哺乳类　166
132　隐王兽　167

第 5 章　人类诞生的秘密

133　灵长类　170
134　类人猿　171
135　人属　172
136　早期猿人　173
137　猿人　174
138　原人　175
139　旧人　176
140　尼安德特人　177
141　新人　178

142　智人　179
143　非编码 DNA　180
144　GADD45G　181
145　微小 RNA　182
146　信使 RNA　183
147　脑　184
148　加油基因和刹车基因　185
149　FOXP2 基因　186
150　PEG10 基因　187

第 6 章　基因编辑与未来生命

151 遗传 190

152 基因 192

153 基因型 194

154 基因座 195

155 DNA 196

156 RNA 198

157 蛋白质 199

158 碱基序列 200

159 核苷酸 201

160 双螺旋 202

161 遗传信息 203

162 染色体 204

163 减数分裂 205

164 基因组 206

165 人类基因组 208

166 干细胞 210

167 成纤维细胞 211

168 逆转录病毒 212

169 遗传同化 213

170 SRY 基因 214

171 异时性 215

172 异位 216

173 TALEN 217

174 CRISPR-Cas9 技术 218

175 向导 RNA 220

176 脱靶效应 221

177 基因敲除 222

178 基因敲入 223

179 同源异型基因 224

180 Pax-6 225

181 双胸变异体 226

182 DNA 甲基化 227

183 表观遗传学 228

184 基因驱动 229

185 运载体 230

186 同源重组 231

187 ES 细胞 232

188 iPS 细胞 233

189 克隆 234

190 设计婴儿 235

第 1 章

"进化论"是什么?

01 神创论

▶ 长期支配西方世界观的物种不变论

围绕世界诞生之谜，古人有着各种各样的创世神话，其中犹太人认为，唯一的真神耶和华用 7 天时间创造了世界万物，并且所有的生物从古至今都是一成不变的。而基督教作为犹太教的分支，也全盘接受了这个神话。于是在犹太教和基督教盛行的欧洲，"进化"的概念长期被边缘化，即使到了科学显著发展的 19 世纪，与教义唱反调的"进化论"也普遍不为人们所接受。甚至在 21 世纪的今天，部分极端保守的信徒也依然抗拒进化论。

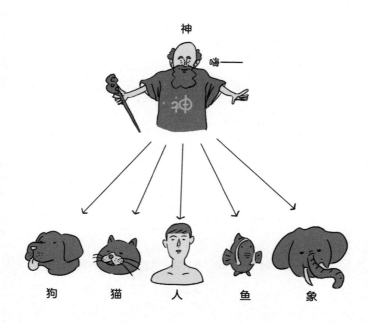

神

嗨——

狗　猫　人　鱼　象

02 先成说

preformation theory

▶ 生物的组织和器官，在出生前就已经形成了？

先成说认为，在卵子或精子中，已经预先存在生物的组织和器官的发育雏形。所谓成长和发育，不过是这个原型"变大"的过程。在 17 世纪后半叶，随着显微镜技术的进步，人们对受精卵的了解进一步加深，发现早期胚胎（处于早期发育阶段的生命体）中存在各种组织和器官，这些就是先成说问世的背景。先成说形成时，还有"精原论"（认为胚胎原型在于精子）与"卵原论"（认为胚胎原型在于卵子）之争。后来由于发现了卵泡和单性生殖现象，卵原论占据了上风。不过随着生命发育科学研究的深入，"渐成论"（生物的各种器官是逐渐形成的）成为主流，先成说不再有影响力。

微小人型

17—18 世纪，人们普遍认为，人类的生殖细胞里存在这样一个"微小人型"。

03 拉马克（1744—1829）

Jean-Baptiste Lamarck

▶ 进化论的先驱

　　法国生物学家，是历史上首位科学解释生物"进化"概念的人，通过对无脊椎动物的研究构建起了自己的进化论。他认为，最低级的生命是由无机物自然发生的（当时学界的普遍共识），然后逐渐向复杂的高级生命进化。对于生物多样性的解释，他提出了"用进废退"、"获得性遗传"、生物由于环境变化而获得的新性状（获得性状）会向下一代遗传并由此促进生物的进化的理论。虽然该理论后来被否定了，但不能否认的是，他发现了自然环境对生物形态和机能的影响，打破了神学的牢笼，为科学进化论的形成与发展做出了重要贡献。

生物会通过改变习性来实现自身的变化。当变化达到一定程度，就会产生新的性状（第64页）。

如今看来革新的理论，在当时的学界却根本不受待见，所以拉马克的晚年生活一直郁郁寡欢。

▶ 拉马克的"用进废退"学说

经常使用的器官会日趋发达，不使用的器官则会逐渐退化。而且新的性状会遗传给后代。

▶ 走向复杂需时漫长

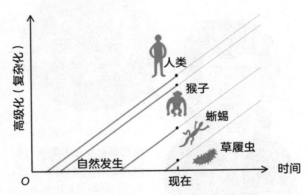

拉马克认为，新的生物是不断诞生的，并且随着时间的推移，会逐渐走向高级阶段。

04 居维叶 (1769—1832)

Georges Cuvier

▶ 在科学与神学之间寻找平衡

居维叶是法国的古生物学家,他借助比较解剖学的手段进行开创性的工作,成为解剖学和古生物学的创始人。他的观点与进化论完全不兼容,与拉马克的学说根本对立。居维叶认为,虽然在化石中发现了已经灭绝的生物,但由于不同地质年代的生物之间是完全间断的,因此并不存在所谓的生物进化。而自古以来多次发生的毁灭式的天灾,才是新旧生物变迁的原因——灾变说。但随着达尔文研究的进展和过渡性化石的出土,除了大灭绝的观点,居维叶的学说此后也不再为学界所接受。

生物无非四大类:脊椎动物、软体动物、节肢动物和辐射对称动物。

居维叶认为,这四类动物相互独立、互不影响。而现代生物学则认为,它们都从共同的祖先进化而来。因此这两种观点互斥。

▶ 所有动物都可分为这四大类

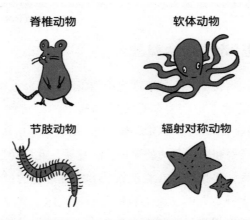

脊椎动物　　　　　　软体动物

节肢动物　　　　　　辐射对称动物

居维叶认为，这四大类并非来源于共同的祖先。

▶ 图解居维叶的"灾变说"

远古的生物　　　　　　　　　　由神创造的现
　　　　　　　　　　　　　　　在的生物

A

B

C

D

山崩地裂、海枯石烂

E

F

G

H

当下

居维叶认为，古生物的绝迹皆由于毁灭性的天灾，
之后神又创造了新的生物。

05 达尔文（1809—1882）

Charles Robert Darwin

▶ 现代进化论的伟大奠基人

　　英国的生物学家、早期进化论的集大成者。大学毕业后，达尔文以博物学家的身份登上英国海军的测量舰小猎犬号（贝格尔号舰），历时5年考察南美洲、南太平洋诸岛及澳大利亚，深入观察和采集各地的动植物和地质。此后经过约20年的深入研究，得出了"在自然选择和缓慢进化的过程中，物种最后趋于稳定"的结论（后世称道的"达尔文主义"），即生物在不断慢慢变异，其中有利于适应环境的变异物种得以留存，不利于适应环境的则会灭绝。《物种起源》是其学说的结晶。达尔文主义全盘否定了当时占支配地位的基督教会的神创论，给后世的思想和哲学带来了深远的影响。

在生存挑战中，考验的不是实力，而是你的适应能力。

受经济学家马尔萨斯"人口膨胀必然导致饥饿与疾病"观点的启发，达尔文考究出"自然选择"的概念。

8

▶ 加拉帕戈斯群岛的达尔文雀

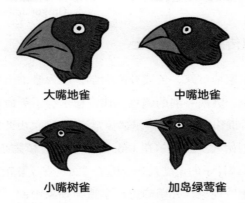

大嘴地雀   中嘴地雀

小嘴树雀   加岛绿莺雀

栖息在加拉帕戈斯群岛中不同岛屿的雀类，喙部
各异。达尔文发现了它们饮食习性与喙部的关系，
由此设想"四者有着共同祖先"的可能性。

▶ 生物都是从共同的祖先进化而来的！

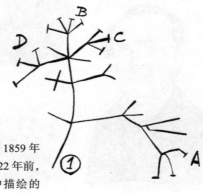

《物种起源》出版于 1859 年
11 月，右图是在此 22 年前，
达尔文在其笔记中描绘的
"进化之树"。

06 孟德尔（1822—1884）

Gregor Johann Mendel

▶ 发现遗传原理的修道士

　　孟德尔家境贫寒，苦读升入大学，成为修道士后得以投身学术研究。庭院一隅的豌豆，让孟德尔有了革命性的重大发现，即后世称颂的"孟德尔遗传定律"，他也由此成为近代遗传学的创始人。孟德尔在 1865 年发表的《植物杂交实验》论文中，从统计学的角度系统分析了"豌豆在反复杂交中的性状遗传变化"现象，并明确提出了遗传现象中的"显性、分离、独立分配"三大定律。然而，如此重要的发现，却在论文发表 35 年后才引起学界的注意，那时孟德尔早已不在人世。

存在某种实体（因子），决定性状，自身也会遗传。

孟德尔曾将研究成果发表于《布隆自然科学协会学报》，并寄送给当时的遗传学界泰斗内格里，可惜石沉大海。

▶ 孟德尔的豌豆实验

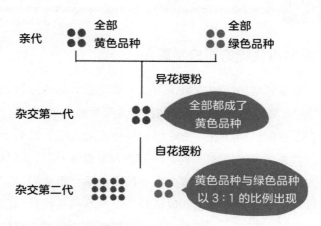

根据孟德尔的实验，隔代遗传现象会以 25% 的概率出现。

▶ 孟德尔的定律

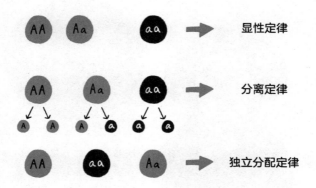

显性定律：不同的性状取决于因子的组合；
分离定律：因子一分为二，分别位于配子中；
独立分配定律：决定颜色、形状等因子的自由组合。

07 法布尔（1823—1915）

▶ 反对进化论的昆虫学泰斗

　　法布尔是法国的博物学家（日本过去对博通动物学、植物学、矿物学、生理学等自然科学专家的尊称），也是一位人穷志不穷的民间学者。他的传世佳作《昆虫记》影响了人们对自然和生命的理解。他在 31 岁涉足昆虫研究后，以节腹泥蜂的论文为开端积累了不少自主研究成果，由此闻名。法布尔反对达尔文的进化论。他认为，由观察与实验可知，昆虫的先天行为是完全正确合理的，否则就无法生存；而残酷的自然界根本不可能赋予任何一个物种足够的机会去不断试错以达到所谓最合适的进化，即不存在分阶段进化成熟的生物本能。实际上，他的论点还真把当时的达尔文主义者们难住了。

生物的生存本能可谓性命攸关，如果还要等待慢慢进化，那黄花菜都凉了！

法布尔反对进化论，但在书信交流中与达尔文倒是惺惺相惜，友谊的小船一直没翻。

▶ 对达尔文进化论的批判

泥蜂
以甘蓝夜蛾的幼虫为食，狩猎时用身体的毒针精准刺入幼虫硬质体节之间的柔软部分，使之昏迷。

如果按进化论所言，狩猎技术比较菜的蜂会慢慢熟练。

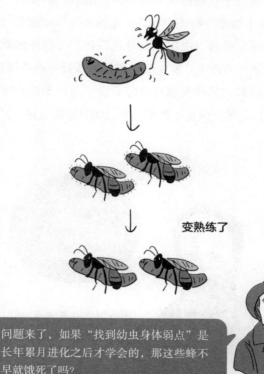

变熟练了

问题来了，如果"找到幼虫身体弱点"是长年累月进化之后才学会的，那这些蜂不早就饿死了吗？

13

08 魏斯曼（1834—1914）

August Weismann

▶ 重建达尔文主义的学者

　　魏斯曼是在孟德尔遗传定律（第10页）"走红"的背景下，为江河日下的自然选择论力挽狂澜，并为新阶段的进化论——新达尔文主义奠定基础的一位德国动物学家。魏斯曼反对达尔文与拉马克关于"获得性状可遗传"的观点，提出"种质学说"，认为多细胞生物体内有着生殖细胞与体细胞的严格之分，其中生殖细胞具有决定细胞分化的种质，而体细胞（体质）仅是各器官的构成；发生于体细胞的变异——获得性状，是不可能遗传的。另外他也曾猜想，精子与卵子结合时会发生基因重组，当然这仅止于猜想，并无实验数据支撑。

体细胞无论发生什么变化，都不会被生殖细胞所遗传。

其关于"体细胞诞生于生殖细胞，反之不能"的观点，学界称为"魏斯曼屏障"。

14

▶ 图解"种质学说"

● = 生殖细胞
○ = 体细胞

时间

继承种质的细胞会成为生殖细胞，并在胚胎发育的初期从体细胞中分离出来，此后体细胞自身的任何变化都不会遗传。

▶ 魏斯曼的实验

剪断

对其20代的子孙都剪断

由于人为剪断而失去尾巴的老鼠，是否会将"无尾"遗传给后代？通过这个实验，魏斯曼得出了"获得性状不会遗传"的结论。但值得人们深思的是，由于人为剪断造成的"无尾状态"，算得上获得性状吗？

15

09 德弗里斯（1848—1935）

Hugo Marie de Vries

▶ 发现"突变"现象的植物学家

　　荷兰的植物学家，1878年开始了遗传的研究，并在1896年得出了与孟德尔的研究成果一致的结论。他在1900年发现孟德尔的论文后，将之引用到自己的论文并发表——质疑达尔文关于"缓慢变异进化"的观点。他在月见草的栽培实验中发现，当出现与亲代性状不一的后代时，该新性状会向下一代遗传——突变。他认为，突变才是进化的原动力，自然选择不过是辅助的。他的学说与达尔文主义一度针尖对麦芒，后来两者合二为一。

世代交替中会产生带有新性状的个体，该性状也会向下一代遗传。

他一度以为自己是发现遗传法则的第一人，在得知孟德尔早有这方面的论文后，主动把"C位"还给孟德尔，是一位有风度的学者。

▶ 突变产生的新品种

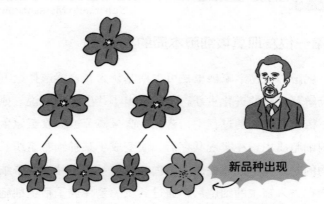

新品种出现

在月见草的栽培实验中，他发现变异株的新性状会在下一代中出现，由此将这种现象称为"突变"。

▶ 孟德尔的成果重见天日

柯伦斯

柴马克

孟德尔兄居然领先了小弟我35年啊！

与他同时期的德国遗传学家柯伦斯和奥地利的农学家柴马克也验证了孟德尔的发现。

10 梅里兹可夫斯基 (1855—1921)

Konstantin Mereschkowski

▶ 第一位发现真核细胞本质的人

　　俄国的植物学家梅里兹可夫斯基认为，自然选择论不能充分解释生物的进化更新，于是提出了共生起源学说。他认为，植物在进化的过程中，蓝藻（蓝绿藻）被吸收至原生动物的细胞质内，在实现共存后，演变成了某种细胞组织——植物的叶绿体，进而提出细胞内共生说：曾经独立的单细胞生物在进入宿主的细胞后，通过共生关系变成了宿主细胞的细胞器。当年持这个论点的学者不止他一人，但因为是学界中的极少数，这个发现没掀起什么波澜。

植物细胞的叶绿体，是由蓝藻演变而来的。

当年梅里兹可夫斯基的内共生说虽然是个"十八线"学说，但对现代的共生说影响巨大。

▶ 内共生视觉下叶绿体的诞生秘闻

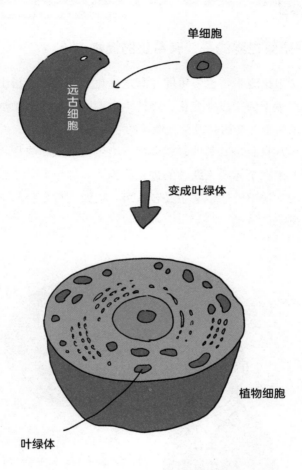

单细胞

远古细胞

变成叶绿体

植物细胞

叶绿体

根据梅里兹可夫斯基的说法，远古细胞从周围吸收养分时吞噬了具有光合作用的蓝藻，于是蓝藻就变成了植物的叶绿体。与强调竞争因素的自然选择论相比，梅里兹可夫斯基的学说更侧重共存与协调带来的植物进化。

11 戈尔德施米特（1878—1958）

Richard Benedict Goldschmidt

▶ 开拓新世界的是"有希望的怪物[1]"？

　　戈尔德施米特也不赞同"渐进进化"的观点，指出：积累再多微小的阶段性变化，爬行类也不可能进化成鸟类；但如果是由于突变而获得全新性状的"有希望的怪物"，并且该性状对其自身是有利的，就会遗传给后代形成新物种。他将这种发生在个体的飞跃性的进化称为"大进化[2]"。戈尔德施米特的学说不受达尔文主义者认可，但如今重新引起了人们的重视。

进化开始与进化完成之间的过渡时期产生的新性状，显然是不成熟的，它对生物的生存有何意义呢？

由于纳粹的迫害，他逃到了美国，在学术上关注个体层面的大幅度变异，提出了"有希望的怪物"论。

1　有希望的怪物，hopeful monster。本书脚注均为译者注。
2　大进化，又称"宏观进化"。

▶ 图解"有希望的怪物"论下的飞跃性进化

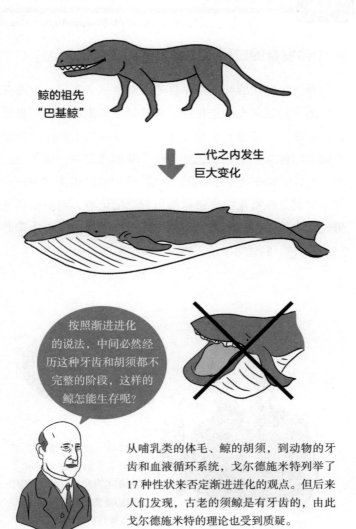

鲸的祖先
"巴基鲸"

一代之内发生
巨大变化

按照渐进进化的说法，中间必然经历这种牙齿和胡须都不完整的阶段，这样的鲸怎能生存呢？

从哺乳类的体毛、鲸的胡须，到动物的牙齿和血液循环系统，戈尔德施米特列举了17种性状来否定渐进进化的观点。但后来人们发现，古老的须鲸是有牙齿的，由此戈尔德施米特的理论也受到质疑。

12 海克尔（1834—1919）

Ernst Heinrich Philipp August Haeckel

▶ 个体发育的过程是生物进化的极简史？

　　海克尔时代的德国学界普遍反对达尔文主义，但海克尔例外地支持达尔文的进化论。他既是一位生物学家，也是一位哲学家，从思想上支持进化论。海克尔先于魏斯曼指出生殖细胞与体细胞的区别，又猜想了基因的存在，等等，这些观点为后世的研究发挥了重要作用。其中的"重演律"——"个体发育就是在重走祖先进化的历程"的论点，对后来的进化研究产生了巨大的影响。另外，其部分学说也成为主张断绝"劣等人种"的优生学的土壤，带有一定的负面影响。

个体发育就是在重演种系发生。

他提出了"个体发育、种系发生"的概念，推动了生物学的发展，但其理论也成为"二战"期间纳粹屠杀恶行的思想工具。

22

► 在母体中重现进化史？

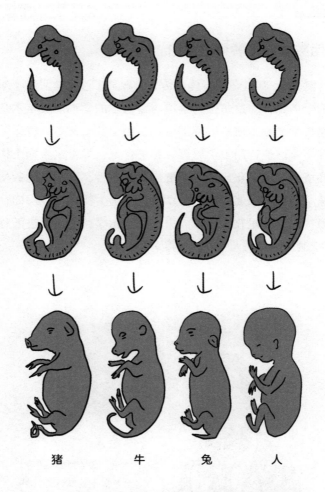

猪　　　牛　　　兔　　　人

以上是海克尔描绘的各动物发育的过程，各动物相
似度与孕期成反比，重现了各祖先进化的过程。他
由此指出，研究胚胎发育的过程，是揭开进化之谜
的突破口。

13 费希尔（1890—1962）

▶ 用数学原理解释进化论

诞生于 20 世纪的群体遗传学，融合了进化论大旗下对立的两个体系，即达尔文的学说与孟德尔的学说。费希尔是群体遗传学创始人之一、英国进化生物学家，又是一位优秀的统计学家。他运用数学原理解释进化论，即肯定生物个体会因环境条件而进化出最合适的性状与习性，同时借助数学原理从"频率依赖选择"的角度，说明了生物在群体层面也会向最优的方面进化。但他大力支持优生学，积极推进断种法（禁止遗传不良的人生育的法律）的制定。

生男生女，费的都是一样的工夫。

除了阴盛阳衰的北海狮等，为何大多数生物的性别比例都维持在 1：1？费希尔为我们揭示了答案。

24

▶ 为何群体内性别比例维持在1:1？
（费希尔原理[1]）

假设

① 研究对象为有性生殖 动物

② 其中雌性一生平均生 育2胎

③ 雄性与雌性 1:5配对

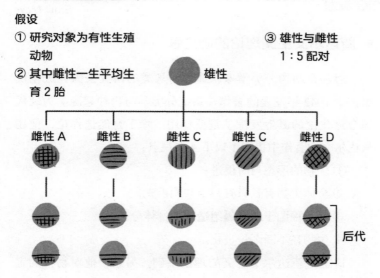

每个雄性可繁殖10个后代
每个雌性可繁殖2个后代

雄性可繁殖的后代是雌性的5倍 = 雄性有利
当雄性的数目多于雌性，则变为雌性有利

群体内的性别比例维持在1:1

___

1　费希尔设想，有某种基因会促使父母生下更多的雌性后代，使雌性比例不断增
　　加，这样一来，雄性就成了稀有性别，从而很容易找到配偶，并迅速繁殖自己
　　的后代；而雌性找到配偶的机会会减少，生下雌性后代的能力受到制约，此时
　　生育雄性后代的基因将显示出极大优势并迅速扩散。结果就是，群体中的雄性
　　因此而越来越多，渐渐与雌性达到平衡。

14 迈尔（1904—2005）

Ernst Mayr

▶ 新达尔文主义理论的确立者

迈尔是动物分类学家，通过对鸟类的研究去探究进化现象，于1942年发表的著作《系统分类学与物种起源》为现代综合进化论的诞生发挥了重要作用。除了自然选择论，他还从达尔文的著作中提取了以下4个观点：

① 生物的形态与时俱进；

② 全体生物有且只有一个共同祖先；

③ 新物种源于地理隔绝造成的群体分化；

④ 生物在不断渐进进化。

这也是新达尔文主义的理论基础。另外，他对物种的定义，以及对同域种化的否定等学说，使进化生物学研究引发了争鸣。

物种是指可互相交配的自然群体，但又与其他群体生殖隔离。

也有人从性状的差异出发定义物种的概念，但迈尔的解释至今仍是主流。

▶ 迈尔提炼的达尔文进化论五大要素

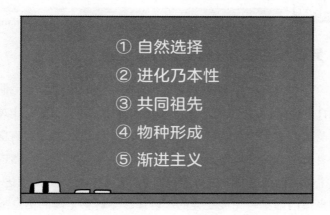

① 自然选择
② 进化乃本性
③ 共同祖先
④ 物种形成
⑤ 渐进主义

他从达尔文的著作中提取上述要素，构筑了新达尔文主义的基础。

▶ 图解"生物学上的物种概念"

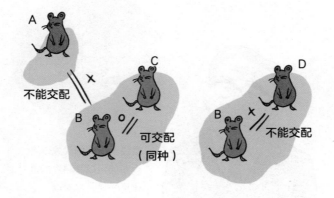

A

C

D

不能交配

B

可交配
（同种）

B

不能交配

根据迈尔对物种的定义，上图只有 B 和 C 可视为同种。

15 今西锦司（1902—1992）

Kinji Imanishi

▶另辟蹊径揭示进化论的日本学者

日本也有批判达尔文主义、自成一家的生物学家，他就是日本的灵长类研究第一人——今西锦司。他在求学时代观察贺茂川的水生生物时就发现，扁蜉的 4 种幼虫都分别栖息在各自最适合的环境中。由此他指出，进化并非源于自然选择下个体层面渐进变异的积累，而是源于群体性的大规模进化，即集体内部某一完成变异的小群体，会转移至新的栖息地并作为新的物种独立开来。而所谓进化，就是这种现象断断续续发生的结果。但今西锦司的论点缺乏具体验证，也无法解释大进化的机制，因此未曾成为主流。

当一个群体移居新的栖息地，必然会导致某一方向的突变大规模发生。

灵长类研究的权威学者今西锦司以其独立的进化论学说，也对以"生存竞争"为核心的传统进化论发起了挑战。

28

▶ 贺茂川的几种不同扁蜉

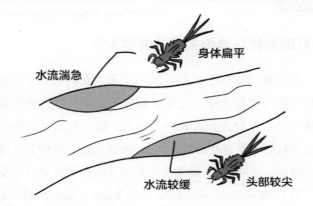

水流湍急

身体扁平

水流较缓　头部较尖

根据自身习性各自选择不同的栖息地之后……

发生大规模突变

扁平的种类　　头部较尖的种类　　流线形种类

今西锦司认为，不同的物种不会"打成一片"，而是会自发选择各自的栖息地。

16 杜布赞斯基（1900—1975）

Theodosius Grigorievich Dobzhansky

▶ 发现进化与遗传关系的关键人物

　　杜布赞斯基与迈尔（第26页）同为新达尔文主义的核心人物。作为遗传学家，他在果蝇群体遗传的研究中发现，染色体异常对生物进化有着巨大作用，进而提出"生物群体的共有遗传特征是进化的原动力"，为进化论与遗传学的融合铺平了道路。他在1973年发表的论文《离开了进化的生物学不值一提》（*Nothing in Biology Makes Sense Except in the Light of Evolution*）对新达尔文主义的发展意义重大，在现代生物学的舞台上有力地为进化论予以正名。

离开了进化的生物学不值一提。

杜布赞斯基20多岁时（1927）从苏联远赴美国，为遗传学的发展做出巨大贡献。

▶ 进化即等位基因（第 82 页）频率的变化

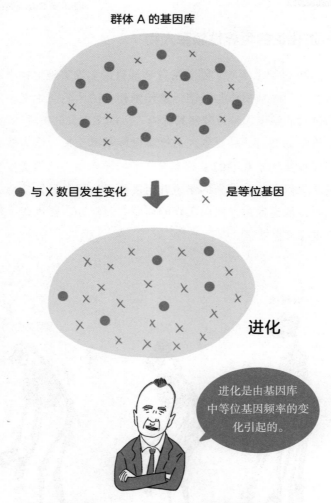

群体 A 的基因库

● 与 X 数目发生变化   ● 是等位基因
                              ×

进化

进化是由基因库中等位基因频率的变化引起的。

杜布赞斯基认为，每当群体中的基因频率（各等位基因的相对频率）发生变化，生物就会进化。

17 赫胥黎（1887—1975）

Julian Sorell Huxley

▶ 进化论的世界性领军人物

20 世纪上半叶，随着发育学与遗传学等实验生物学的兴盛，在当时被视作与孟德尔遗传学相左的达尔文主义一度沦为过时的学说，赫胥黎将其称为"达尔文主义的黄昏"。在学术纷争的当时，赫胥黎大力推动国际学术交流，作为核心人物在深化学术互融的事业上发挥了主导作用，达尔文主义也由此得以兼收并蓄新的学说并再度焕发生机。另外值得一提的是，他还致力于面向大众的启蒙普及活动，让进化生物学走进寻常百姓家。

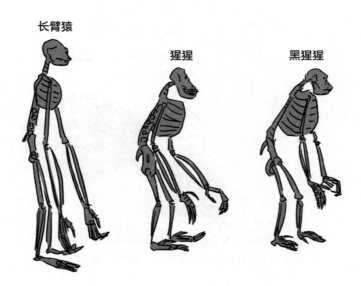

长臂猿　　　猩猩　　　黑猩猩

我认为，"改善"是进化生物学的一个重要概念。

赫胥黎致力于教育事业，曾参与联合国教科文组织的创立，并出任首任秘书长。

▶ "我的祖父是达尔文主义的忠实拥趸"

他的祖父托马斯堪称"达尔文主义的拥趸"，托马斯在1863 年所著的《考证自然界中的人类》卷头插画里描绘了类人猿与人类的骨骼对比图。

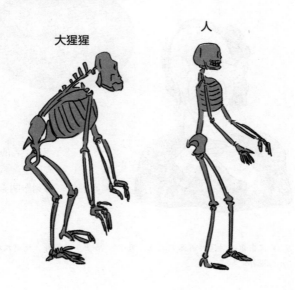

大猩猩　　　　　人

18 梅纳德·史密斯（1920—2004）

John Maynard Smith

▶ 将博弈论应用于进化论

英国生物学家，通过引入数学理论，为进化生物学的研究开辟了新的篇章。对于一些具有固定行为模式的遗传群体所表现的非正常行为，自然选择论基本上无法说明。对此，梅纳德·史密斯运用数学家冯·诺依曼的博弈论，提出了新的概念——进化稳定策略（ESS）。以此为基础并可实证的"进化博弈论（鹰鸽博弈）"（第50页），是一项革命性的理论。另外，他人格高尚，热心培养晚辈，比如帮助木村资生发表著作，为 W. D. 汉密尔顿命名理论[1]并推广其理论等。

大道至简，构建模型也不例外。

ESS 跨越了生物学的范畴，被广泛应用于经济学与心理学，深刻影响着人类社会。

---

[1] 关于 W. D. 汉密尔顿对同种群体中利他行为（第96页）的解释，他将该理论命名为"血缘选择"。

▶ 为何生物有性别之分？

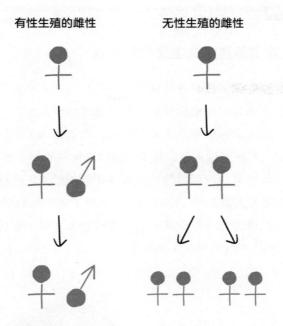

有性生殖的雌性　　　　　无性生殖的雌性

⇒ 无性生殖的繁殖速度是
有性生殖的两倍

　　梅纳德·史密斯曾提出"有性生殖带来的成本加倍"的概念。在无性生殖的系统里，所有个体都可单独繁殖后代，而有性生殖的系统里则由于需要雌雄搭配而导致繁殖效率减半——既然如此，为什么还要有性别的存在呢？

　　梅纳德·史密斯构造上述模型时，是默认以下两点为前提条件的：

　　① 两种生殖系统的雌性都繁殖相同数目的后代；

　　② 两种生殖系统下诞生的后代的适应度都相同。

　　但现实是，有性生殖如此普遍，可见上面两个前提条件至少有一个是不成立的。

19 木村资生（1924—1994）

Motoo Kimura

▶ 改变了新达尔文主义的日本人

适者生存理念的自然选择论是达尔文主义的根本。而木村资生在用数学模型研究突变与进化速度时发现，突变频繁出现，且大多数变异是无关紧要的，由此撼动了达尔文主义的根本。木村资生认为，分子层面的进化并非为了适应环境，只是个体变异的特征偶然地向群体扩散的结果，且这些特征一般都是无关紧要的。木村的发现催生了进化论的中立学说，他也由此成为迄今为止唯一一个获得达尔文奖（英国皇家学会颁发的一项生物学奖）的日本人。

群体内经常出现无关紧要的变异，其中一些会偶然传播到整个群体。

1968 年提出"进化论的中立学说"，一度遭到达尔文主义者的强烈批判，但现在已经是学界的共识。

后代中偶尔有两个突变体

白色的那一只偶然得以存活，并繁殖后代

偶然的突变得以延续，并在群体内开枝散叶

20 马古利斯（1938—2011）

Lynn Margulis

▶ 坚持"共生说"的女性学者

　　马古利斯也是一位反对适者生存理论的生物学者。从事微生物研究的她在 1967 年提出了"细胞内共生说"，即真核生物的线粒体与叶绿体等细胞器，都是由共生在其内部的其他的原核生物变化而来的。一度看似是重提"共生起源说"旧说，但随着电子显微镜与 DNA 分析技术的普及，她的学说得到了充分验证，现已成为学界共识。马古利斯批判新达尔文主义，认为推动进化的并非竞争引起的适者生存，而是不同物种的协调共生，且生物在协调共生的关系下实现了里程碑式的进化。另外她也赞同盖亚假说。

共生（而非竞争）才是进化的原动力，又是进化的重要过程。

盖亚假说认为，地球本身是一个巨大的生命体，并与地球上的生物相互联系，相互改造。

▶ 图解马古利斯的共生说

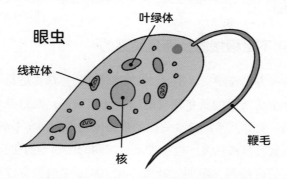

真核细胞的线粒体与叶绿体等细胞器，最一开始是由
被原核生物吞噬了的其他原核生物变化而来的。

▶ 对新达尔文主义的批判

新达尔文主义强调资本主义式的竞争关系，而马古利斯对
新达尔文主义的长期批判，也是学界的一道风景线。

21 埃尔德雷奇（1943—）

Miles Eldredge

▶ 进化不是缓慢的，而是突然的

　　美国古生物学家，主张"间断平衡说"，认为进化并非新达尔文主义所说的长年累月的微小变异积累，而是源于漫长稳定期后突如其来的急变。他的依据来自古生物学上的发现：基本上没有可被视为"处于进化过渡期的生物"的化石出土，比如他研究的泥盆纪的三叶虫，在 500 万年内只有极微小的变化。但间断平衡说仅仅区别了漫长的稳定期与爆发性的变异期，并不能否定渐进进化。对此，该学说的学者也未能做出反驳。

我研究古生物时发现，居然还有 500 万年内都没怎么变化的案例，真是惊呆了。

埃尔德雷奇在美国自然历史博物馆担任馆长，与古尔德（第 42 页）同为间断平衡说的学者。

▶ 渐进进化与间断平衡说的区别

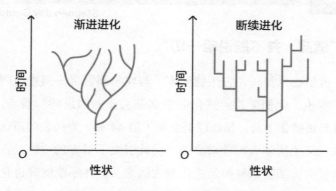

新达尔文主义以渐进进化为前提；与之相对，埃尔德雷奇与古尔德认为，进化是断续发生的，表现为一定的稳定期与急剧的进化期两者的反复。

▶ 什么时候才会发生急速进化？

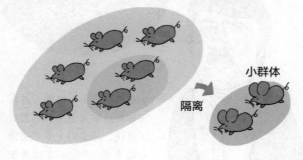

埃尔德雷奇等认为，性状的急速变化发生在部分个体从原来的大群体隔离并组成新的独立小群体之后。

22 古尔德（1941—2002）

Stephen Jay Gould

▶ "适应，并不能说明一切"

古尔德也是一位古生物学家，与埃尔德雷奇一同宣扬间断平衡说。他们秉持"进化向来都是大步向前进的"观点，反对渐进进化主义，站在以道金斯（第44页）为代表的新达尔文主义主流学者们的对立面，由此引发了双方的争论。古尔德指出，基因选择只是进化的主因之一，并不能解释进化的全貌。这对当时囿于用适应性观点解释动物形态与行动的进化理论提出了挑战。

我们不是信口开河的，只是为漫长的地质年代表标注了合适的尺度。

他对梅纳德·史密斯、道金斯等新达尔文主义者可谓口诛笔伐，甚至用上了"适应万能主义""达尔文教条主义"等词。

▶ 古尔德的观点越发偏激

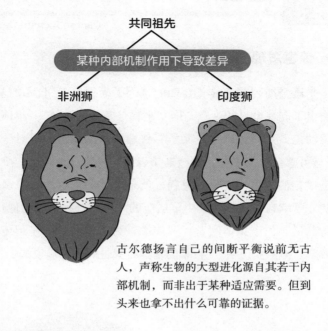

共同祖先

某种内部机制作用下导致差异

非洲狮　　　　　　　　印度狮

古尔德扬言自己的间断平衡说前无古人，声称生物的大型进化源自其若干内部机制，而非出于某种适应需要。但到头来也拿不出什么可靠的证据。

▶ 与道金斯"互撕"

"基因选择只不过是进化的原因之一。"

"什么间断平衡说，绕了半天不还是渐进进化的一种吗？"

两人你来我往、各不相让，直到 2002 年古尔德逝世。

23 道金斯（1941—）

Clinton Richard Dawkins

▶ 惊世发现之"自私的基因"

　　道金斯因其著作《自私的基因》而得名。《自私的基因》提出了震惊世界的观点，即"生物是基因的载体"。集体利益驱动论，是新达尔文主义学界普遍默认的观点，但对于这种"只可意会"的说法，道金斯予以明确否定。他指出，个体才是进化的主体；进化的过程，就是个体的基因为了更多地复制并延续自身而不断产生可适应的个体的过程；而利他行为，与其说是出于集体利益，不如说是为了提高基因复制传播的效率。但需要说明，"自私的基因"只是一个比喻说法。

生物的持续进化，无非是为了更好地"服务"基因。

道金斯是一位科学至上主义者，其著作《上帝错觉》甚至否定神的存在。

▶ 生物不过是基因的载体

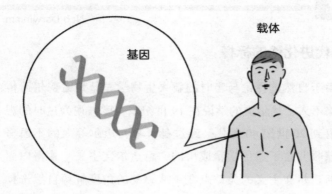

道金斯认为，出于自私的基因延续自身的本能，
生物的进化总是具有方向性的。从这个角度来看，
生物不过是基因的载体。

▶ 为了更好地存续，基因会不断产生合适的性状

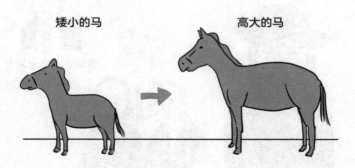

道金斯之所以被称为极端达尔文主义者，是因为他认
为归根结底受自然选择影响的不是个体，而是基因。

24 新达尔文主义

Neo Darwinism

► 现代进化论的标杆

由于自然选择论与当时的新兴生物学尤其是孟德尔遗传学格格不入，达尔文的学说在 19 世纪末一度被视为过时的观点。直到 20 世纪 40 年代，经过赫胥黎与迈尔等人的不懈努力，兼收并蓄了遗传学新成果的"新达尔文主义"才得以面世。新达尔文主义的关键点在于从突变的角度解释自然选择论，即偶然发生的遗传变化（突变）在适应环境（自然选择）的过程中逐渐改变生物的性状，由此引起物种进化。但后来随着研究深入，也出现了该理论无法解释的案例，迫使学者们作出修正。

极端达尔文主义者

新达尔文主义者

25 拉马克学说

▶ 风光一时的古典进化论

拉马克（第 4 页）的主要观点是，所有生物都不可避免地从低等向高等进化。而"拉马克学说"一般指他的两个辅助性质的假说：用进废退论、获得性状的可遗传性。其中用进废退指的是，经常使用的生物器官日益发达，反之则逐渐退化。比如每天都伸脖子尝试食用高处树叶的鹿的脖子会逐渐变长，而随着该新性状向后代遗传，才有了今天看到的长颈鹿。但后来人们发现，该类型的性状是不会遗传的，由此拉马克学说也就翻车了。

其实近年来越来越多的研究表明，基因的后天修饰也是可遗传的。

26 骤变论

▶ 反渐进进化论的学说

骤变论认为，进化是由生物在一代之内出现的大型突变引起的。当带有全新性状的后代出现后，该后代就会成为新物种的祖先，由此新物种得以形成。可见骤变论与达尔文主义的理论"渐进进化论"是"对着干"的。最先提出骤变论的，是与达尔文同时代的瑞士动物学家艾伯特可里克，他认为，突发的且非连续的变异才是进化的动力——"异源发生说"。类似的还有 20 世纪戈尔德施米特（第 20 页）提出的"有希望的怪物"论。骤变论易与间断平衡学说混淆，实则两者差之千里。

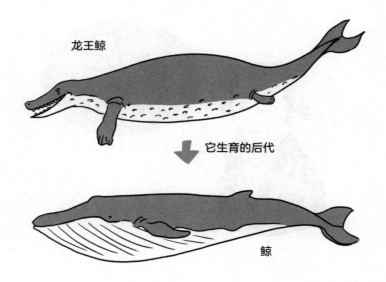

龙王鲸

它生育的后代

鲸

直向演化论

orthogenesis

▶ 进化的道路是"单行线"?

直向演化论认为,生物形态特征的进化,是在其自身内部作用下沿着某个既定方向发展的。该学说由德国动物学家T. 艾默、美国古生物学家 E. D. 科普和 H. F. 奥斯本提出,受众主要在古生物学圈。他们在化石研究中发现,当把某一系统的动物化石按年代顺序排列,就会观察到:具有该系统特征的器官是沿着一定方向逐渐进化的。由此直向演化论应运而生。但是,除了这种从宏观上保持一定方向性的形态变化,也有数次往复、缓慢变化的案例,因此该论说现在已经没有了支持者。

有关研究认为,冰河时期的爱尔兰麋鹿的双角的跨度达 3.5 米以上。

28 进化博弈论

evolutionary game

▶ 从损益的角度解释生物行为

进化博弈论，是将冯·诺依曼（第34页）的数学原理"博弈论"引入进化领域的理论，并由梅纳德·史密斯的"鹰鸽模型"确立。举个例子，在争食的时候，把仅采取威吓手段以求不战而胜的个体称作"鸽派"，把诉诸武力解决的个体称作"鹰派"。若是鸽派相争，会平白消耗时间；若是鹰派互斗，难免两败俱伤。那么，要维持整个群体的稳定，两派应该以什么比例分配呢？

右图为食物所有者与掠夺者数量相同时，某派食物掠夺者的得分，为我们揭示了答案。

双方争食

设定分数：

争食成功　　　　　　→ +50
一无所获　　　　　　→ 0
争食中受伤　　　　　→ −100
争食中平白消耗时间 → −10

分组讨论：

- 若遭遇鹰派，鸽派不能获得猎物，得0分；但选择做鹰派会减25分。由于−25<0，于是采取鸽派策略的个体会增加。
- 若遭遇鸽派，选择做鹰派，鸽派会不战而退，鹰派独占猎物加50分；选择做鸽派，只得20分。而20<50，于是采取鹰派策略的个体会增加。

食物掠夺者（得分）	食物所有者	
	鹰派	鸽派
鹰派	$\frac{1}{2}(50)+\frac{1}{2}(-100)$ $=-25$	$+50$
鸽派	0	$\frac{1}{2}(50)+\frac{1}{2}(-10)$ $=+20$

那么问题来了，要维持整个群体的稳定，两派应该以什么比例配置才能均衡呢？

答案：当两派的平均收益一致时，群体得以稳定。

设鹰派个体数目占群体总数的比例为 p，则鸽派为 1–p；
于是鹰派的平均收益为 –25p+50（1–p）；
鸽派的平均收益为 0p+20（1–p）；
当 –25p+50（1–p）=0p+20（1–p）时，群体得以稳定；
这时候 p≈0.545，即鹰派占比约 55%，鸽派占比约 45% 时群体得以稳定。

29 红皇后假说

Red Queen's Hypothesis

▶ "'内卷'才是物种存续的唯一出路!"

　　红皇后假说由利·范·瓦伦提出，认为进化是生物应对环境变化以求存续的必由之路。例如，由于雄性与雌性之间求偶交配产生成本，无性生殖比有性生殖看似更有利。但现实是，自然界中有性生殖占了绝大多数，可见有性生殖实际上更有利。红皇后假说对此的解释是：面对环境的不断变化以及天敌的威胁，有性生殖带来的遗传多样性更能做出有效应对。红皇后假说得名于《爱丽丝梦游仙境》中的角色红皇后。

逆水行舟，
不进则退！

红皇后假说由美国进化
生物学家利·范·瓦伦
于 1973 年提出。

▶ 红皇后是谁？

在《爱丽丝梦游仙境》中，红皇后向爱丽丝讲述了镜之国的规则：要保持原地不动，你得跑得飞快。

▶ 红皇后假说视觉下的"内卷"

跑得慢的猎物会被捕食者吃掉，跑得慢的捕食者则会因抓不到猎物而饿死，所以为了生存，两者不得不"拼脚速"。

30 结构主义进化论

structuralism evolution theory

▶ 新达尔文主义说得不对！

　　结构主义进化论立足于结构主义生物学，主张从系统（结构）的角度——而不是 DNA 的角度，去解释进化论。DNA携带着遗传信息，但 DNA 与高分子物质的简单混合并不能孕育出生命。因为 DNA 说到底只是遗传信息的集合体，离开了对之解释与构筑的机制，就什么也不是。因此，进化就是自远古以来的"最基础的结构之间相互融合并向更高层次的结构迈进"的过程，达到一定高层次结构的生物就会形成一个大的群体。

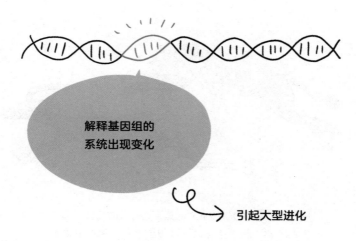

解释基因组的
系统出现变化

引起大型进化

31 李森科主义

Lysenkoism

▶20 世纪政治操弄下的伪科学

苏联的农学家特罗菲姆·李森科否定孟德尔遗传学，坚持生物的获得性遗传，以此抛出了一个原创的遗传理论：染色体的作用对遗传可有可无。他的这个理论毫无科学依据，完全建立在其浅薄的经验及一些胡编乱造的数据之上。但却因为斯大林的重用，李森科如鱼得水，还爬上了遗传学研究所所长的高位。借助政治手段建立的李森科主义，是科学史上的耻辱，这在当下也是值得我们警惕的。

无论什么性状，都可在染色体不参与的情况下实现遗传。

现在说你可能不信，当年日本也有信了他的鬼话的学者。

第 2 章

进一步了解进化论

32 进化

evolution

▶ 我们从哪里来，到哪里去？

　　生物进化就是形态、生理、行动等生物性状在漫长时间中的变化。早期的新达尔文主义认为进化可概括为三个阶段：①由于偶然的突变产生新的基因；②由此获得的新性状若是有利的变异则被自然选择；③相关的新基因的频率在群体中上升。与之相对，进化论的中立学说（第36页）则强调分子层面的遗传漂变（第78页）带来的偶然性，该观点也得到了广泛认可。最后，融合了两者观点的综合论成为现代进化学的主流。此外，进化也局限于物种群体内部的"微观进化"与物种层面以外的"宏观进化"之分。

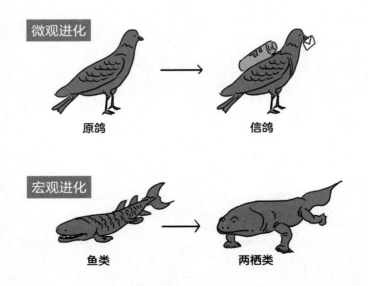

微观进化

原鸽 　　 信鸽

宏观进化

鱼类 　　 两栖类

33 微观进化 [1]

microevolution

▶ 同一物种内性状的微小进化

指的是同一物种内部发生的小规模的进化性变化。从耐药菌的变化可见一斑。细菌具有一定程度的天然耐药性，但随着 20 世纪以来抗生素的滥用，非耐药菌持续减少，耐药菌却在瓶颈效应下（第 93 页）不断增殖，于是人们又投入更强力的抗生素。道高一尺魔高一丈，存活的细菌耐药性越来越强，最终发展成超级细菌。耐药菌的进化非常符合新达尔文主义的理论，但实在很难想象超级细菌会变异为新的物种，所以有人在想，宏观进化和微观进化之外，是不是还有别的机制呢？

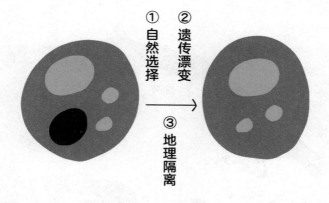

① 自然选择　② 遗传漂变　③ 地理隔离

微观进化是由群体内等位基因的频率变化引起的，等位基因频率的波动则取决于自然选择、遗传漂变和地理隔离。

1　微观进化又称"小进化"。

34 宏观进化

macroevolution

▶ 足以形成新分类群的飞跃性变化

　　1940 年戈尔德施米特提出了宏观进化的概念，指足以形成新物种的生物进化，例如从鱼类进化成两栖类，从两栖类进化成爬行类，从爬行类进化成鸟类与哺乳类。对于宏观进化现象，新达尔文主义认为是基因变化的积少成多导致了物种的渐进分化；但又有古生物学研究表明，大型变异是在极短的时间内覆盖整个群体的。为了解决这个"悬案"，也有学者另辟蹊径，搁置传统的基因视点，尝试从更高层次的系统机制寻找答案。

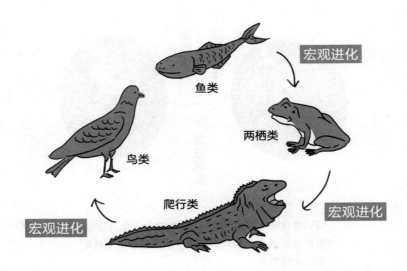

鱼类　　宏观进化

两栖类

鸟类

爬行类　　宏观进化

宏观进化

趋同进化

convergent evolution

▶ 殊途同归

　　指随着对环境的不断适应，即使分属不同系统的生物也表现出了相同性状的现象。比如蝙蝠属于哺乳类，与鸟类分属不同系统，但出于对飞行本领的高度依赖，两者进化出了形状相似的翅膀。由于鸟类和哺乳类皆从爬行类分化而来，所以两者支撑翅膀的骨骼都遗传自同一个祖先。至于用于飞行的翅膀，则是在两者从爬行类实现分化之后，从各自的祖先的前肢变化而来的。可谓殊途同归。

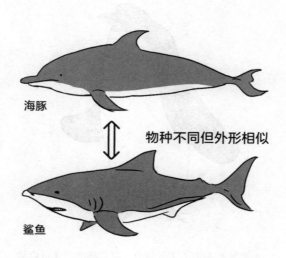

海豚

物种不同但外形相似

鲨鱼

36 进化性的退化

degeneration

▶ 进化着进化着就没了

一说到退化，人们难免产生"开倒车"的理解，而进化性的退化，其实是指生物在适应环境过程中的生物性状"以退为进"的现象。例如，人类身体的大部分地方没有体毛，然而在哺乳类动物的进化中，体毛是保持体温和维持生命所必不可少的。可见体毛退化的现象很不可思议，但这无疑也是进化的一部分。另外，企鹅的翅膀也退化缩小了，但也因此方便了企鹅游泳，可见这里的"退化"也是一种进化。

企鹅虽然失去了飞行能力，但丰满的躯体可以储存更多热量，大大提升了在水中的续航能力和捕猎能力。

37 协同进化

▶ 咱们是进化共同体哦

　　指不同物种之间相互影响、相互促进的进化。蜂类和植物就是一个好例子：植物需要媒介帮助自己授粉，蜂类则以高营养的花蜜和花粉为食，两者一拍即合。于是花朵的外观、气味、蜜量等性状的进化迎合蜂类偏好，蜂类也进化出便于吸取花蜜的长型口器与容易附着花粉的体毛，这也是蜜蜂进化的表现。另外，肉食动物与草食动物之间你死我活的竞争使得各自的运动能力都得到提升，这也算是协同进化的例子。

口器超长的马岛长喙天蛾和花距[1]超长的大彗星风兰，
也被视作协同进化的"天生一对"。

1　花距指花瓣或花萼向后或向侧面延伸形成的管状、兜状等结构。

38 性状

character

▶ 生物个体的固有特征

指某一物种固有的形态特征（颜色、大小等外观）、生理机能特征（内脏、运动机能等）与行动特征（先天行为等）。性状基本上来自各细胞核内染色体的基因表达。对于有性别的生物而言，性状往往因雌雄而异，这些取决于性染色体的性状称为伴性性状。另外，体形大小、智商、产卵量与乳量等连续变化的性状称为数量性状。数量性状主要由基因决定，同时也会受到环境因素的影响。

39 获得性状

acquired character

▶ 后天形成的身体变化

　　指生物在其一生中因环境影响获得的性状，如通过持续反复训练获得的肌肉或速度，又如通过学习得到的认知。获得性状能否遗传，这在进化学研究早期阶段是个重点课题，拉马克、达尔文等早期的学者对此是予以肯定的（当然也有持否定观点的学者）。但随着分子遗传学的发展，人们发现，获得性状并不能改变生物 DNA 的遗传信息。由此得知，获得性状不能以改变 DNA 的方式遗传。

40 同源性状

synapomorphy

▶ 证明"本是同根生"的性状

　　1950 年德国昆虫学家 W. 亨尼希（1913—1976）提出的同源性状，是系统分类学中最重要的概念。同源性状是指物种分化前和分化后共有的特征性状，也是判别单系群[1]（第 98 页）的依据。鱼和人类同属脊椎动物，在分化前有着共同的祖先，由此，脊椎就是脊椎动物区别于无脊椎动物的同源性状。

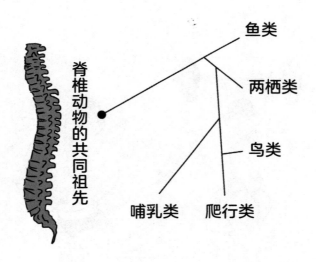

脊椎动物的共同祖先

鱼类
两栖类
鸟类
爬行类
哺乳类

1　指其中的所有物种只有一个共同的祖先，且它们就是该祖先的所有后代。

41 物种

▶ 生物分类的基本单位

生物分类的基本单位，在"属"的下一级。作为个体群，物种（简称"种"）的定义包括以下几个方面：①性状共通；②与其他个体群的形态特征有明显区分；③在自然环境下与其他个体群不能交配、生育；④与其他个体群存在地理分布差异等。物种还有亚种、变种、品种等细分。例如，犬属包含了6个种的豺、狼和郊狼，它们虽有共通的性状，但地理分布各异且不互相交配，因此都是不同的物种。但由狼驯化而来的家犬可以与它们在自然状态下交配，所以视为亚种。总的来说，由于存在诸如此类的反例，很难对物种下一个严谨的定义。

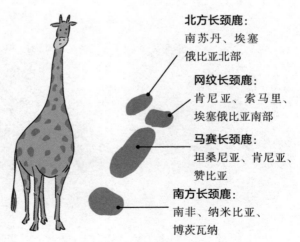

北方长颈鹿：
南苏丹、埃塞俄比亚北部

网纹长颈鹿：
肯尼亚、索马里、埃塞俄比亚南部

马赛长颈鹿：
坦桑尼亚、肯尼亚、赞比亚

南方长颈鹿：
南非、纳米比亚、博茨瓦纳

近年来 DNA 研究发现，非洲长颈鹿不同群体的基因结构有着巨大差异，因此长颈鹿也有 4 个物种之分。

42 物种分化

speciation

▶ 由于生殖隔离，分化成不同的物种

　　即原来的物种由于生殖隔离分化成不同物种的现象。物种分化基本可分为两大类：①同一物种的群体在地理隔离下演变成不同物种的"异域种化"；②在同一栖息地内演变成不同物种的"同域种化"。关于前者，由于基因交流的中断，被隔离的各个小群体走上独立的进化路线，继而演变成新物种，这也是当今学界的定论。至于曾经备受争议的后者，由于近年来被发现多见于鱼类与昆虫类，因此也得到了学界的认可。

▶ 图解异域种化

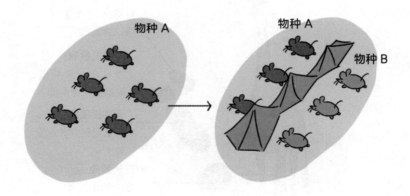

物种 A

物种 A

物种 B

▶ 图解同域种化

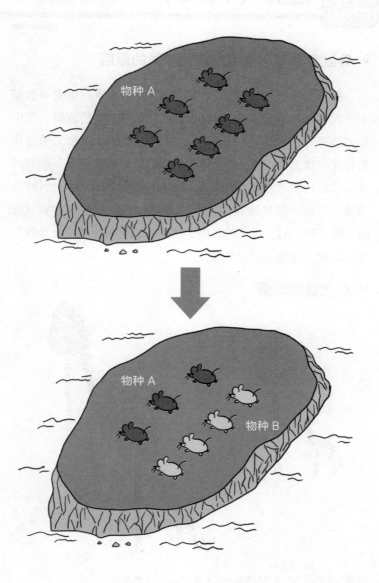

物种 A

物种 A

物种 B

43 选择（淘汰）

▶ 导致存活率与繁殖率产生差异的原因

即在某一生物群体中，由于个体差异导致存活率与繁殖率出现偏差的现象，大致可分为人为选择和自然选择，其中后者是进化的主因之一。另外，在可通过雌雄交配繁殖后代的有性生殖生物[1]中，若个体间形态特征有较大差异，则有可能是"性选择"在起作用，比如雌性会偏好外形优美的雄性。另外，当整个群体得益于某些个体的性状（哪怕该性状对这些个体不利）时，群体的基因会壮大，则可视为"血缘选择"，比如蚁群中终生不育的工蚁。

▶ 自然选择示例

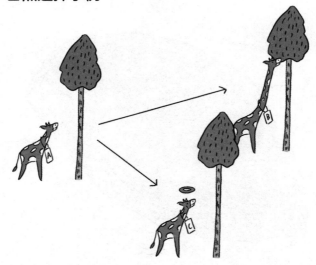

---

1 有性生殖不一定都是雌雄交配，如孤雌生殖（单性生殖）。

70

▶ 自然选择的无形的手——"选择压"

脖子变长之后……

① 能吃到更高处的食物；

② 利于观察敌情；

③ 身体负担加重。

⇩

①② 是有利的选择压；

③ 是不利的选择压。

自然选择，即通过对突变的取舍，物种朝着一定方向进化的现象。所有生物身上都有着一股无形的压力。

▶ 为什么工蚁选择不育？

繁殖后代的女王蚁

我负责传宗接代，你们只管养家糊口

不育的工蚁

近缘个体间在生存、繁殖上相互作用的遗传性状，称为血缘选择。梅纳德·史密斯在其"血缘选择"论中进一步提出，个体"牺牲小我、完成大我"的性状可在血缘淘汰中得到进化。

44 适应

adaptation

▶ 调节性状以适应栖息环境

　　适应包含两种含义：①在自然选择作用下，发展出有利的形态、生理机能、行动以适应栖息环境；②性状通过代际遗传，变化成合适的状态。多数生物都"因地制宜"地进化出合适的性状（如动物体表的保护色、干旱地区树木的耐火树皮等），这也被视为自然选择论的依据。然而目前尚无客观标准可以判定，生物的所有性状都出于适应环境的需要，即与适应无关的性状也是存在的。

别太黑，别太白，平安日子才会来。

怎么这副模样？

▶ 不同的熊有不同的适应结果

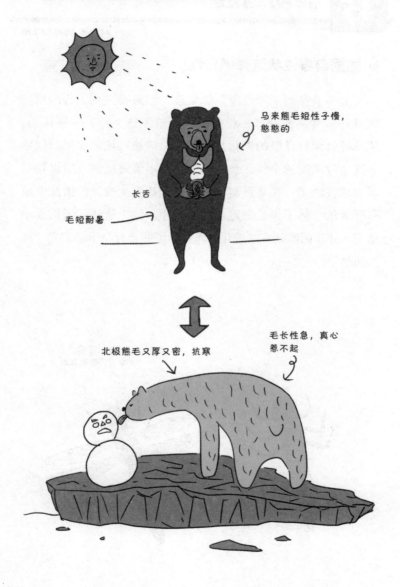

马来熊毛短性子慢，憨憨的

长舌

毛短耐暑

北极熊毛又厚又密，抗寒

毛长性急，真心惹不起

45 能动适应

active adaptation

▶ 根据自身性状选择栖息地

　　上一节提到了"适应"的概念，但需要注意，若出现与栖息环境冲突的变异，相关个体恐怕无法生存。一般认为，从鳃呼吸到肺呼吸的进化是出于适应陆地环境的需要。但处于这个过渡期的个体，是水陆生活均不能适应的，所以相对可靠的说法是：在某种契机下基因表达发生改变，由此变成肺呼吸的个体不得已而走上陆地求生。综上所述，所谓能动适应，并非因地制宜求进化，而是为了迎合自身形态突变"择木而栖"。

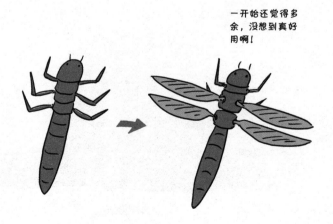

一开始还觉得多余，没想到真好用啊！

46 隔离

disjunct distribution

▶ 原来同种的个体被分隔以致无法交配的现象

原本可以互相交配的生物群体（个体群），由于各种原因被分开，随着时间推移双方的基因结构相去甚远，以致双方难以自然交配，或即使交配了也很难产生后代，这种现象称为"隔离"，由杜布赞斯基（第 30 页）于 1950 年提出。隔离又分地理隔离与生殖隔离，前者是异域种化（第 68 页）的原因；后者又如下图所示可分为两类。另外，同域种化（第 68 页）与生殖隔离存在因果关系。

1. 交配前隔离

→ 物理上无法交配，或者双方之间
　没有交配意欲

2. 交配后隔离

→ 交配了也无法产生后代，或者产
　生的后代没有生殖能力

47 变异

▶ 同种内部的性状差异

即同种生物个体间的性状差异。分布范围较广的物种往往会因不同水土产生体形与颜色等方面的差异，该现象称为地理变异。例如，冰清绢蝶遍布日本北海道、本州、四国，但在不同栖息地，有的体色偏黑，有的体色偏白，形象各异。类似的案例还有许多。另外，即使是生活在同一栖息地的同种生物，也会因基因或发育条件的差异产生变异，其中的遗传变异是进化的一大主因。

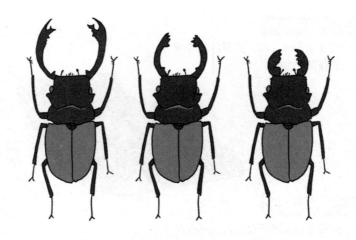

上图三只同种的鬼艳锹形虫也因为个体变异而分
为长齿、中齿、短齿三种类型。

48 突变

▶ 突发的性状变化

　　由德弗里斯（第16页）提出，是进化学最重要的概念之一，指由基因的量变或质变引起的变异。从微观层面的DNA（第196页）碱基置换，到基因组的整体结构变化，都可引起突变，其中非致命性的变异会向后代遗传。不过，由环境引起的后天变异以及体细胞的变异既不属于突变，也不遗传。生物形态会随基因变化而变化，不过基因变化频率一般较低，相关性状变化也比较轻微。

基因的突变、染色体的结构与数目变化都会导致
生物突变。

49 遗传漂变

▶ 世代传递中基因频率的随机波动

　　生物群体中难免发生一些可有可无的变异，这些变异在群体中延续或消失时偶然引起基因频率的变化，就是遗传漂变。遗传漂变也是"中立学说"的核心概念，其发生不依赖自然选择或隔离等环境因素，也无关生物对环境的适应性，即不存在任何方向性。因此，这些"可有可无"的分子层面的变异能否在群体中延续，则全凭机遇了。另外，遗传漂变的波动与生物群体的规模成反比。

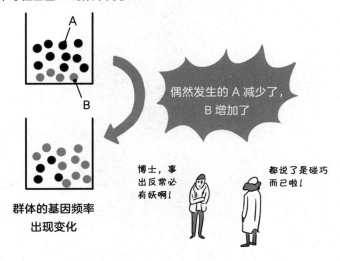

原来等位基因 A 的频率高于 B

A

B

偶然发生的 A 减少了，B 增加了

群体的基因频率出现变化

博士，事出反常必有妖啊！

都说了是碰巧而已啦！

50 基因库

gene pool

▶ 一个物种中所有个体的全部基因的总和

与其他群体明确区分，个体间可以自由交配的同种群体称为"孟德尔式群体"。孟德尔式群体中所有个体的全部基因的总和，则是"基因库"。而现代人类可以不分人种实现交配并延续后代，所以当下有生殖能力的全体活人的所有基因，就是当今的人类基因库。

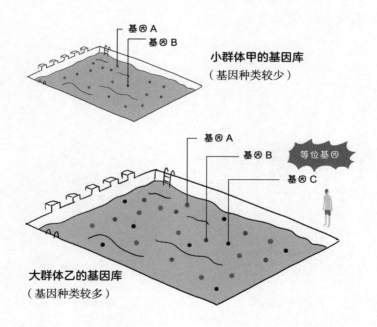

基因 A
基因 B

小群体甲的基因库
（基因种类较少）

基因 A
基因 B
等位基因
基因 C

大群体乙的基因库
（基因种类较多）

51 哈迪-温伯格定律

Hardy-Weinberg law

▶ 物种如何保持稳定?

这是英国数学家 G. 哈迪与德国医学家 W. 温伯格在 1908 年各自独立发现的数理模型,即当①种群足够大,②与其他群体不发生任何迁移,③不发生突变,④不发生自然选择且个体间的生存繁殖能力没有差别时,种群的等位基因频率会保持稳定,在世代交替中也不会变化。这也反过来证明了,以上四点当任何一点不满足,都会使等位基因频率发生变化,从而引起生物的进化。

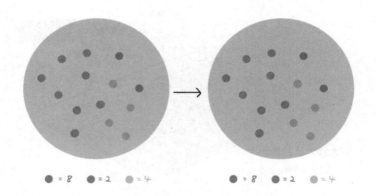

等位基因频率维持不变

52 基因交流

gene flow

▶ 群体基因大家庭的新成员

　　假设某一个体离开原来所在的群体 A 后加入同种的另一群体 B，若它在群体 B "安顿"下来并与其中的个体交配，且它本身携带群体 B 所没有的基因，那么群体 B 得以引入该新的基因，该现象称为基因交流。对群体 B 原来的基因而言，外来的基因就成了新的等位基因，且可能引起等位基因频率的变化。在此情况下，群体 B 的规模越小，受到的影响越大，产生新性状的可能性也越大。

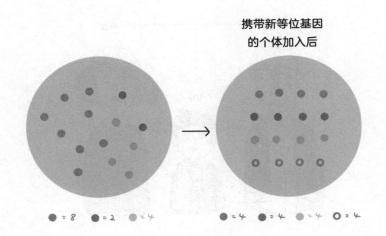

产生新性状的可能性增大

53 等位基因

allele

▶ 控制同一部位不同形态的一对基因

即决定某一性状的不同基因。比如人类有黑发与金发等多种发色，是因为存在着多种决定发色的基因，这些基因一同构成了"决定发色的等位基因"。而根据性状表现，等位基因又有表现能力较强的显性与表现能力较弱的隐性之分。在决定人类发色的基因中，金发基因 A 与栗发基因 a 都是等位基因，当以 AA 或 Aa 成对时表现为金发，以 aa 成对时表现为栗发。即使父母皆为金发，如果双方的发色基因都是 Aa，那么仍有 25% 的概率生育出 aa——栗发的后代。

54 纯合子

homozygote

▶ 相同的等位基因凑成一对了

指同一基因座上有两个相同等位基因（如 AA 或 aa）的二倍体生物（分别从父母接收遗传信息的生物）。homo 是一个希腊语前缀，意指"相同"。隐性基因[1]只有在纯合子的条件下才会表现出其性状。另外，自 2017 年起日本遗传学会就试图把"优性"改称"显性"，把"隐性"改称"潜性"，这变来变去的真是让人无所适从。

---

1 生物学上的"隐性遗传"在日文中写作"劣性遗伝"。不过最近日本遗传学会想把这个词改换成"潜性遗伝"。

55 杂合子

heterozygote

▶ 不同的等位基因凑成一对了

指同一基因座上有两个不同等位基因（如 Aa）的二倍体生物。这种情况下表现的必定是显性基因控制的性状，隐性基因控制的性状虽不会出现，但相关遗传信息却不会丢失。hetero 也是一个希腊语前缀，意指"不同"。

56 假基因

pseudo-gene

▶ 失效的基因

也叫伪基因，指丧失正常基因功能的 DNA 序列，产生原因有：

① 信使 RNA（mRNA，第 183 页）的遗传信息经逆转录（第 212 页）后以 DNA 插入基因座中[1]；

② 基因重复后，重复的 DNA 序列发生突变而失去功能；

③ 单个基因发生突变而失去功能等。

由于不具有编码（第 180 页）蛋白质的功能，假基因曾一直被视为"基因化石"。但近年研究发现，一些假基因具有调控基因表达的作用，学界也正围绕该课题进行着更深入的研究。

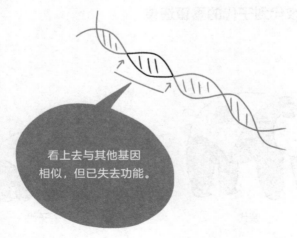

看上去与其他基因相似，但已失去功能。

1　如果 mRNA 经逆转录产生 cDNA，再整合到染色体 DNA 中去，就有可能成为假基因。

57 基因传递

Genetic horizontal transmission, genetic vertical transmission

▶ 基因的漫漫远征路

　　即基因在个体之间的传递。基因一般通过生殖从亲代向子代传递，即垂直遗传。但也存在由病毒等引起的跨物种基因传递，即水平遗传。例如科学家猜测：在噬菌体的作用下，志贺氏菌中生成志贺样毒素的 DNA 被移植到原本没有致病性的大肠杆菌，由此诞生了肠出血性大肠杆菌 O157。水平遗传不受系统的制约，单系群也就不能"独善其身"。另外，如果水平遗传是普遍存在的现象，恐怕向来"系统至上"的分类学要修正一下了。

▶ 从亲代到子代的垂直遗传

亲代

子代

▶ 图解跨物种的水平遗传

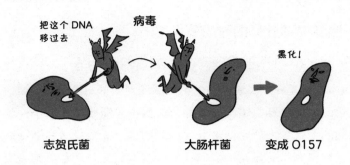

把这个 DNA 移过去　病毒

黑化！

志贺氏菌　　　大肠杆菌　　变成 O157

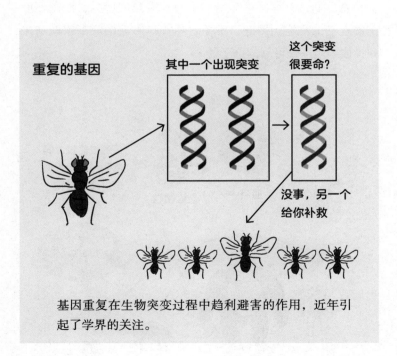

重复的基因

其中一个出现突变

这个突变很要命？

没事，另一个给你补救

基因重复在生物突变过程中趋利避害的作用，近年引起了学界的关注。

58 分子钟

▶ 追溯物种分化的时间节点

随着分子生物学的进步，学界认识到，存在于所有生物的 DNA 碱基序列、蛋白质的氨基酸序列等都是以一定的速度变化的。由此诞生了"分子钟"的假说，即通过比较不同生物间的变化量来测定两者分化的时间节点。血红蛋白 α 链的氨基酸序列是其最初的应用。但也有人质疑：若基因某一突变具有方向性，那必然是受到了自然选择的影响，所以不能作出准确的测定。因此，不受自然选择影响的假基因碱基序列，成了当下最可靠的分子钟。

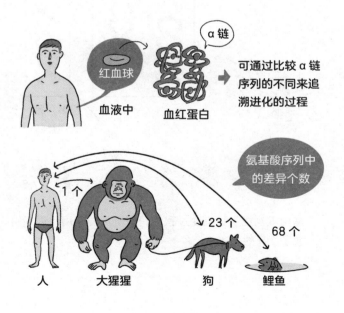

可通过比较 α 链序列的不同来追溯进化的过程

α 链

红血球

血液中　　血红蛋白

氨基酸序列中的差异个数

1 个　　23 个　　68 个

人　　大猩猩　　狗　　鲤鱼

88

多倍体

polyploidization

▶ 有多少个染色体组?

　　有性生殖动物基本上都从父母各自的配子（生殖细胞）获得一个染色体组，因此体细胞有两个染色体组，染色体组数目是 2 的倍数，所以称为二倍体[1]。不过染色体组的个数也可能因变异而增加，即"多倍体化"，该现象多见于植物。多倍体又分两种：①有多个同种染色体组的"同源多倍体"[2]；②有 2 种以上染色体组的"异源多倍体"。其中又有不少是人工培育优良农作物的成果：有的用于培育饱满个体与无核品种，有的则应用于相似品种的杂交。

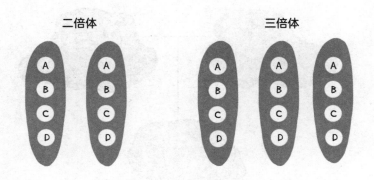

二倍体　　　　　　　　　　　　三倍体

1　如菘蓝二倍体植株的体细胞有 14 个染色体，即 $2n=2X=14$。

2　本身由于某种未知的原因而使染色体复制之后，细胞不随之分裂，结果细胞中染色体成倍增加。

60 异位显性（上位效应）

epistasis

▶ 当等位基因之间出现了"第三者"……

即不同基因座的等位基因相互作用下性状发生变化的现象。举个例子，设基因 BB 和 bb 决定狗的毛色，其中 BB 是黑色基因，bb 是茶色基因，B 是显性基因。理论上 BB 或 Bb 会导致黑色体毛，bb 会导致茶色体毛，但有可能因为受到来自其他基因座（第 195 页）的 ee 基因的影响，Bb 实际上表现为浅土黄色，而不是黑色。这也说明了性状表现的复杂性。

BB 黑色   bb 茶色

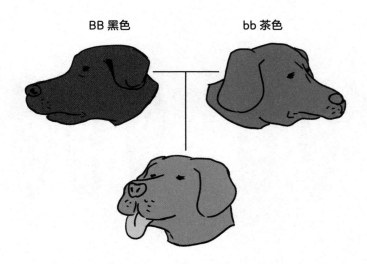

一般来说 Bb 会是黑色，但如果
ee "插手" 就成了土黄色

90

61 表现型

phenotype

▶ 生物个体实际表现出来的性状

即与生物基因型相对应的性状特征，除了形状、颜色、大小等外观，还包括身体机能、精神活动等所有生物性质。其中基因型是表现型的决定性因素，但在环境因素影响下，相同的基因型也可能产生不同的表现型。

62 表现型可塑性

phenotypic plasticity

▶ 随环境而变形，又叫"表型可塑性"

　　上一节我们提到，表现型会因环境而发生变化。而这个变化的能力，就是表现型可塑性。并且，这种基于同一基因型却由其他因素引起的变化会一直保持稳定。有些生物是会随着环境改变自身形态的，比如日本北海道的滞育小鲵的幼体，如果栖息环境里天敌（蜻蜓的幼虫）太多，出于防御需要，它们的尾部和外鳃会变得发达；如果猎物（蝌蚪）充足，为便于捕食，幼虫则呈攻击型体态，头部普遍偏大。这种随环境而变化的表现型，也是生物灵活应变的例证。

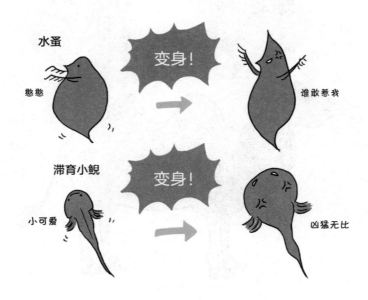

63 瓶颈效应

bottleneck effect

▶ 一去不复返的遗传多样性

　　属于群体遗传学的概念。若出于某些原因，某一物种的总个体数出现骤减，那么即使一段时间后个体数恢复正常，原本的遗传多样性也会因为等位基因的大量消失而无法恢复，这种现象称为瓶颈效应。顾名思义，这好比是从一个装有不同物质的细口瓶取出少量物质，而被取出的物质的混合比例和瓶内物质的原本混合比例很可能是不一样的。人类数目如此庞大，遗传多样性却奇低，对此学界认为，是因为人类在进化过程中总数曾一度跌至 1 万人左右，然后这同质性较高的 1 万人就成了人类的祖先。

等位基因

64 奠基者效应（始祖效应）

founder effect

▶ 祖先数目过少的情况

与瓶颈效应一样，奠基者效应也是遗传多样性降低的原因之一。祖先数目少、遗传多样性低——在这两点上两个效应是一样的，唯一不同的是：小部分个体与原来群体之间的地理隔离，是后者产生的原因，例如候鸟无意捎带的植物种子在遥远的他乡落地生根。在类似情况下，被隔离的群体会出现较大的遗传变化。

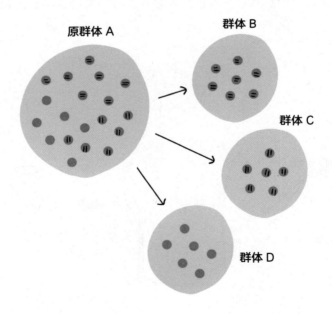

先天行为

instinctive behavior

▶ 遗传决定的行为

　　即本能，生物与生俱来的有着固定模式的行为，是生存所需但不依赖后天学习，且不以个体意志为转移的。比如河狸筑巢时必然会做一个坚实的水坝，但这不需要学习，而是天生就会的。即使一出生就和父母分离且从未见过同类筑水坝，只要一回到河边听到流水的声音，也就自然而然会做了。先天行为一般被定义为进化过程中形成的遗传性状，但注意不能与"肌肉记忆"混淆。

66 利他行为

altruistic behavior

▶ 牺牲小我，成全大我

生物一般会优先存续自身的基因，但在个别情况下，则会优先顾及其他同种个体的生存——这就是利他行为。例如雌性工蜂甘愿"丁克"，终其一生照顾女王蜂的子嗣，在外敌侵略蜂巢时甚至会舍生取义。又如非洲稀树草原的黑斑羚，当发现肉食天敌时，哪怕冒着"当出头鸟"的风险，也会用独特的声音向同类示警，这种不顾自身安危的做法也属于利他行为。而背后的原因则在于：做出利他行为的个体，如果能够"以少换多"，使得更多的同类得以受益幸存，那么最终更有利于自己基因的延续。

穷蛛的母蜘蛛甚至会让后代吞食自己的身体。

96

67 发育

development

▶ 生命"发芽"成型的过程

即多细胞生物个体形成的过程。对于有性生殖的动物，精子和卵子的结合即视为受精，然后受精卵通过多次细胞分裂形成胚胎，并依据相关物种的遗传信息各自成型。另外，基于物种进化历程的思考，海克尔（第22页）曾提出一个对应的概念：系统发育。他认为，个体发育是系统发育的重复，即个体发育的过程其实是在重走该物种的漫漫进化路。但据现代生物学的研究，这两个过程并不总是完全吻合的。

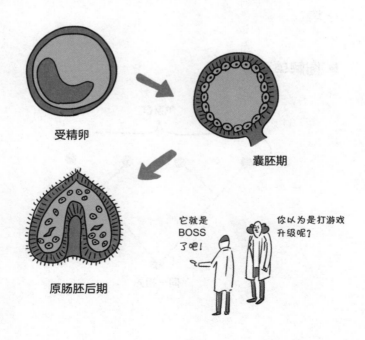

受精卵

囊胚期

原肠胚后期

它就是BOSS了吧！

你以为是打游戏升级呢？

68 系统

▶ 有共同祖先的系列物种

前面说过（第 66 页），属于同一祖先的所有物种分支的集合称为"单系群"。另外，在忽略个别单系群的情况下，属于同一祖先的部分物种分支可构成侧系群。重视物种分化时间序列的新达尔文主义者认为，单系群是唯一正统的分类群。但单系群不足以解释系统层面的大型变化，因此从结构主义进化论的角度来看，在一些情况下侧系群也可视为正统的分类群。再有，横跨不同进化系统的分支，则可构成多系群。多系群是基于相似性状进行分类的，学术上不被视为正统的分类群。

▶ 图解单系群

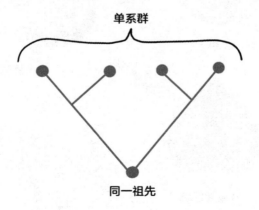

▶ 图解侧系群

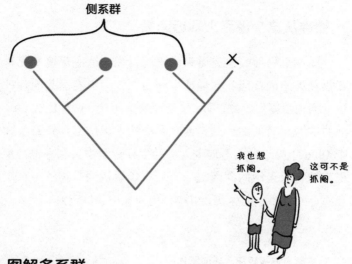

▶ 图解多系群

69 灭绝

▶ 物种从这个世界上永远消失

即一个物种或整支谱系的覆灭。无法适应环境变化是导致物种灭绝的首因：在地球生物史上，大灾变引起的物种大量灭绝现象屡见不鲜，如"5 次生物大灭绝"（第 118 页）。灭绝的次因是其他物种的干涉。人类的大量捕猎导致野生旅鸽于 1906 年灭绝；在与现生人类的生存竞争中失利，也被视作尼安德特人灭绝的原因之一。另有学说认为，物种与系统都有固定的寿命，燃尽就会灯枯，但尚无可靠的定论。

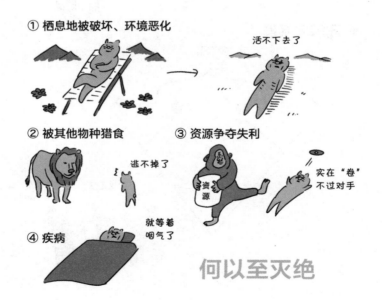

① 栖息地被破坏、环境恶化

活不下去了

② 被其他物种猎食

逃不掉了

③ 资源争夺失利

实在"卷"不过对手

④ 疾病

就等着咽气了

何以至灭绝

70 生物群

biota

▶ 一个区域内的全体生物

即一个地方的所有生物种类，通常可分为动物群、植物群、微生物群。生物群的划分没有固定标准，既可以以场所为单位（如富士山生物群、附近池塘的生物群），又可以以环境为单位（如高山生物群、针叶林生物群）。图鉴等书籍多采用"海洋生物""森林生物"等章节介绍各种生物，采取的就是以环境为单位的划分方法。另外，生物群的概念侧重物种种类，而不讲究个体数量与偏好。

71 内共生学说

intracellular simbiotic theory

▶ 同舟共济？还是"强制收编"？

　　内共生学说是一种假说（第38页）。一般认为：一些原始的原核生物被更大的异种原核生物吞噬后，经过长期共生，演变成现在的真核细胞的细胞器（细胞内具有特定形态与功能的结构）。线粒体与叶绿体有独自的 DNA，并自行增殖。一些细胞器呈双层膜结构，是因为在被宿主吞噬之时，其自身的细胞膜之外又包上了宿主的细胞膜。另外，线粒体原本是进行有氧呼吸的细菌，叶绿体原本是进行光合作用的蓝藻，而叶绿体只见于植物细胞，可知植物细胞出现在叶绿体之后。

72 SNP（单核苷酸多态性）

SNP（Single Nucleotide Polymorphism）

▶DNA 的碱基"牵一发而动全身"

　　同种生物群体内存在两种以上的带有不同性状的变异个体的现象，称为"多态"。多个带有不同遗传型的个体群共存的现象，则称为遗传型多态。人类的血型与眼珠颜色差异属于后者，但这些差别在 DNA 层面仅有约 0.1% 之差。多态性中最受关注的，莫过于由基因序列中单个碱基变异引起的 SNP。比如每个人的饮酒量差异，其实取决于体内酒精分解酶的 DNA 的 SNP 型差异，且这个差异是有可能遗传的。

73 最大简约法

maximum parsimony

▶ 把系统树的不确定性减至最少

最大简约法基于"删繁就简"的原则，常用于构建生物系统树，又称"奥卡姆剃刀原理"。当面对用不同算法构建的系统树，最大简约法有助于我们找出最正确的方案。在生物演化领域，不同的学说会导致不同的系统树。但从最大简约法的角度出发，最合理的会是其中假设的变异次数最少的方案，当然这不能保证百分百准确。

74 生态位

niche

▶ 物种在自然界的地位

即不同生物物种在生态系统中的地位，又称生态地位。从食物链来看，可分为分解者（土壤生物）、生产者（植物）、初级消费者（草食动物）、高级消费者（肉食动物）等。若从栖息地来看，又有不同的划分。以有袋类和有胎盘类为例，虽然分属不同的进化系统，但如果处于同一生态位，那么在趋同进化的作用下，两者可能会获得相同的性状。不过一般来说，处于同一生态位的不同物种是很难共存的。

鲸鱼的祖先

第 3 章

地球最初的生命

75 地质年代

geological time

▶ 地球的"年轮"

即地壳形成后至今的地球史，划分标准有地层岩石的生成环境、反映生物变迁的化石等。地质年代最大的单位是宙，向下可细分为代、纪、世等。隐生宙分为冥古代（40亿年前）、太古代（40亿～25亿年前）、元古代（25亿～5亿4100万年前）。显生宙（5亿4100万年前到现在）又分为古生代、中生代和新生代。元古代及之前的年代曾被称为前寒武纪。显生宙，顾名思义，即出现肉眼可见的生物的年代。而与之相反的隐生宙，则又是前寒武纪的别称。

▶ 地球时钟

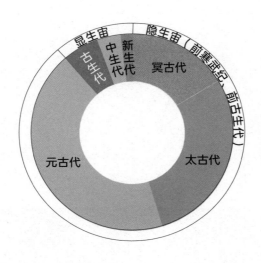

► 地质年代表

新生代	第四纪	全新世	1
		更新世	258
	新近纪	上新世	530
		中新世	2300
	古近纪	渐新世	3400
		始新世	5600
		古新世	6550
中生代	白垩纪		14500
	侏罗纪		20100
	三叠纪		25200
古生代	二叠纪		29900
	石炭纪		35900
	泥盆纪		41900
	志留纪		44400
	奥陶纪		48500
	寒武纪		54100
隐生宙	震旦纪		63500

107

76 沉积岩

▶ 各种物质混合而成的岩石

　　因风化与侵蚀而碎、裂的岩石渣块与火山爆发喷出的物质、生物尸体等物质，在长时间的物理或化学作用下固结而形成的岩石。得益于其形成模式，各年代地表的现象、相关时期的生物痕迹等也得以留存其中，因此沉积岩堪称生命进化的"史书"。沉积岩的种类分为碎屑岩、火山碎屑岩、生物岩、化学岩，占地球地表岩石约 75%，但在地壳中的整体占比仅 5%。

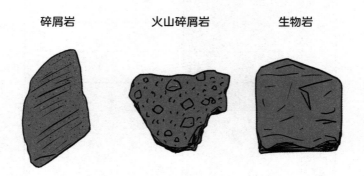

碎屑岩　　　　火山碎屑岩　　　　生物岩

77 地层

stratum

▶ 地球的又一位"史官"——大地

即成层的岩体（各种岩石在一定范围内组成的连续分布的地质体），地层的年代划分一般以化石带为基础。化石带是根据地层中的化石内容和特征所划分出来的地层单位，又以特定的化石（标准化石）为准绳。另外，除了年代信息，地层还保存着其形成时的环境信息，由此可以推测当时的自然环境。一般来说，地层的深度越大，年份也越久远，但地壳变动一般会引起地层位置变动，因此对其年代的测定也会借助放射性测年法或磁法等[1]。

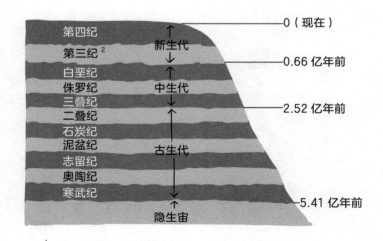

第四纪	0（现在）
第三纪[2]	新生代
	0.66 亿年前
白垩纪	
侏罗纪	中生代
三叠纪	
二叠纪	2.52 亿年前
石炭纪	
泥盆纪	
志留纪	古生代
奥陶纪	
寒武纪	5.41 亿年前
	隐生宙

1　即放射性同位素测年法和古磁场测年法。

2　早第三纪为古近纪，晚第三纪为新近纪。

78 放射性碳定年法（碳14断代法）

▶ 欲知生命年代之谜，问问名侦"碳"

　　一种可用于测定所有有机物和部分无机物的形成时间的测定法。由美国化学家威拉得·利比于 1947 年发明，他也由此获得诺贝尔奖。碳同位素 C14 是一种放射性物质，在任何时代都以基本同一的浓度存在于地球大气中。由于生物的生命活动，C14 会进入生物体内并保持在体内的浓度不变。当生物死亡，C14 的摄入随之停止，并以一定的半衰期逐渐减少。因此，只要根据样品的 C14 含量进行反推，则可得知该生物的存活年代。

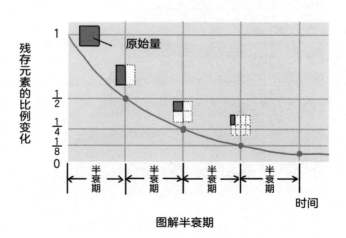

图解半衰期

79 板块运动

▶ 地球内部流动引起的大地变迁

　　1967 年前后问世的一门学说，用于解释造山运动、火山活动、地震等地学现象。该学说认为：地球表面由厚约 100 千米的岩石圈所覆盖，该岩石圈又分为若干坚硬的板块，并随着地球内部的地幔对流而移动。现已确认的板块有十多个[1]，各板块朝着固定方向移动过程中产生的压力、张力、剪切力等规律性变化，正是各种地学现象发生的原因。大陆漂移说本来只是解释化石分布与现生生物隔离分布的旁证，但随着板块运动论的实证，其已从旁证转变为定论。

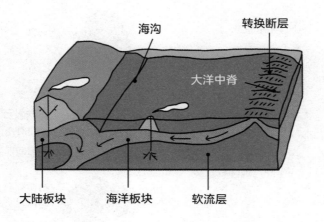

海沟　　转换断层

大洋中脊

大陆板块　　海洋板块　　软流层

1　除了六大板块，还有一些小板块，如阿拉伯板块、科克斯板块及菲律宾海板块等。

80 陨石

meteorite

▶ 天降巨物

受行星引力，游走于行星之间的固体物质在陨落过程中未完全燃烧的残余部分落到地表的物质就是陨石。世界各地有不少由大型陨石造成的陨石坑。其中在白垩纪末期坠落于中美洲尤卡坦半岛附近的陨石直径达约 10 千米，撞击引发的破坏使生态系统遭受灭顶之灾，该时期灭绝的物种最高可达七成。不过也有观点认为：陨石撞击时的化学反应催生的有机化合物或者附着在陨石上的外太空有机化合物，正是地球生命的起源。总之，好坏不论，陨石对生命进化的影响是巨大的。

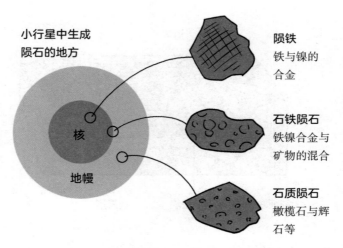

小行星中生成陨石的地方

核

地幔

陨铁
铁与镍的合金

石铁陨石
铁镍合金与矿物的混合

石质陨石
橄榄石与辉石等

陨落于地球的陨石的 80% 都是石质陨石。

112

81 火山

▶ 大地释放能量的地方

当地下的高温岩浆与火山瓦斯冲破地壳喷出地表，喷出口周围的熔岩与火山碎屑物堆积而成的地形，称为火山。我们一般会首先想到阿苏山、新燃岳这样的地表之上的活火山，其实海底也有不少活跃的火山，并且有观点认为：这些热液喷出口周边也是生命诞生的温床。现已发现，这些喷出口带来的化学物质被化能合成细菌，用于生成有机物，并由此逐渐形成了独特的生态系统，还孕育了其他地方不存在的生物。

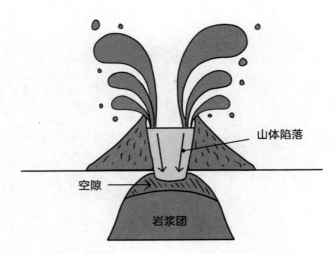

以上是严重威胁地球生命的破火山口爆发的示意图。

82 超大陆

supercontinent

▶ 一度存在的巨型大陆

根据板块构造学说的观点，在过去，一些大陆板块曾是合为一体的超大陆。当地球诞生，并在 40 亿年前形成地壳和海洋后，曾出现了数个超大陆，之后它们就分裂了。超大陆形成时带来的剧烈地壳运动与气候变化，对生态系统造成了重大影响。现今的大陆板块构造成形于 4500 万年前。在 2 亿5000 万年前，最后的超大陆"泛古陆"的形成与分裂伴随的地壳变动，使古生代的生物近乎"团灭"，也成为中生代开篇的一大契机。

83 特异埋藏化石库

Lagerstatten

▶ 优质化石的聚宝盆

　　该词出自德语，意指"蕴藏大量保存较好的化石等富含古生物信息的沉积物的沉积层"，日语汉字写作"化石矿脉"。这些化石层可以极大地帮助我们了解已灭绝的古生物的生态以及相关沉积层形成时的生态系统等。由于从白垩纪早期的极优质化石出土，中国辽宁省的热河古生物群成为近年有名的化石库。从19世纪起，围绕鸟类是不是恐龙的后代的问题，学界一直纷争不断，但由于热河出土的恐龙化石十分难得地保留了清晰可见的羽毛痕迹，鸟类作为其后代的身份终于得到证实。目前为止已发现30种有羽毛恐龙。

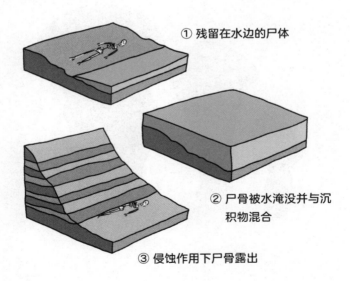

① 残留在水边的尸体

② 尸骨被水淹没并与沉积物混合

③ 侵蚀作用下尸骨露出

84 叠层石

stromatolite

▶ 来自远古时代的天然时间胶囊

是一种呈沉积构造的岩石，至今已有27亿年历史，大小从几毫米到几十米不等，形态有层状、穹状、球根状、柱状等。叠层石的形成过程是：蓝藻先附着到泥土等沉积物上，然后用黏液将沉积物固定，并继续生长。叠层石从隐生宙起一直延续至今，由于身上黏附了各个年代的沉积物，堪称时间胶囊。另外，蓝藻在隐生宙产生了大量氧气，改变了当时地球的大气构成。

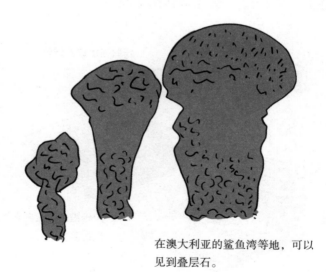

在澳大利亚的鲨鱼湾等地，可以见到叠层石。

85 氧气

▶ 从毒药转变为必需品的大气成分

　　以人类为代表的大部分生物，都需要在细胞内借助氧化反应的方式分解有机物以获取能量以维持生命，这称为有氧呼吸。不过原始时代的地球并无氧气，最早期的生物是在无氧条件下通过氧化还原反应获取能量的。但自从可通过光合作用产生能量的蓝藻出现后，由于光合作用，氧气在水中和大气中不断累积。对于当时的细菌，氧气堪称"毒气"，后来当进行有氧呼吸的好气性细菌出现后，其中的一部分进化成了真核生物线粒体。

蓝藻

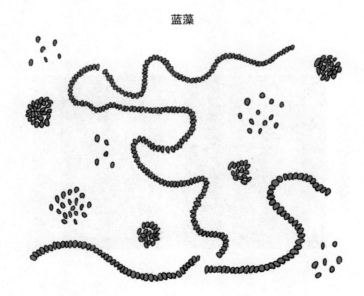

117

86 地球史上5次生物大灭绝

► 改写生命历史的五大事变

地球的生态系统曾经遭遇过多次大型灾害,而其中破坏性特别强的又称为大灭绝。古生代后大灭绝曾发生过5次,时间分别在奥陶纪末、泥盆纪末、二叠纪末、三叠纪末、白垩纪末,且都源于各种原因引起的地球环境剧变。大灭绝使得生态位(第103页)出现空白,幸存的少数生物在适应新环境后快速走向多样化并构建出新的生态系统。如果恐龙没在白垩纪末灭绝,可能就不会有今天的人类了。

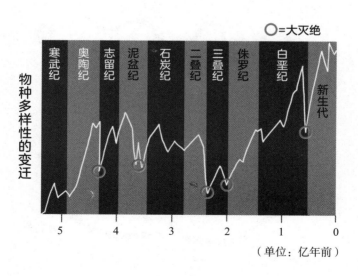

87 雪球地球

snowball earth

▶ 冰封的地球

地质学家猜想，在地球生命急剧进化中，曾经出现过"雪球地球"时段。学者们认为：地球历史上至少出现过两次完全被冰封的阶段——分别发生在 24 亿年前和 7 亿年前，其间表面被厚厚的冰块覆盖，且严寒持续至少数千万年。对此有假说认为：雪球地球的首次出现是因为蓝藻的出现引起了氧气激增，第二次出现则是因为超大陆地壳变动导致二氧化碳骤减。学界更有推测：雪球地球现象的一来一去，在 22 亿年前催生了真核生物，并在 6.5 亿年前造就了埃迪卡拉动物群（第 127 页）。学界对此仍在持续研究。

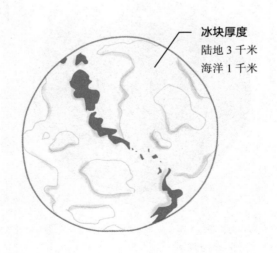

冰块厚度
陆地 3 千米
海洋 1 千米

119

88 细胞

cell

▶ 生命体中最小的"零件"

　　细胞，是在形态与机能上构成生命体的基本单位，由英国物理学家 R. 胡克于 17 世纪发现。细胞分为原核细胞和真核细胞[1]，两者皆由细胞膜覆盖。原核细胞相对比较原始，没有核膜，DNA 直接储存在细胞中[2]。真核细胞的 DNA 在细胞核中，且核膜把细胞核与细胞质隔离开来。动物的细胞质中有线粒体、内质网、高尔基体等；植物细胞除此以外还有叶绿体和液泡等，且细胞膜外有细胞壁。细胞是一切生物进行能量产生和物质代谢等生命活动的场所。

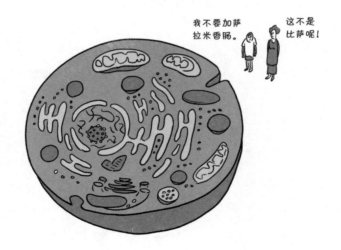

1　由于古核细胞（古细菌）既兼具两者某些特征，又带有与两者不同的特征，因此有观点认为应把古核细胞单列一类。

2　原核细胞没有细胞核，只有拟核，DNA 存在于拟核和细胞质中。

89 单细胞生物

unicellular organism

▶ 单个细胞构成的生物

即只有一个细胞的生物。适用于所有原核生物和部分真核生物。作为原核生物的古细菌（第 124 页）被视为地球史上最早出现的生物，它是如何来的我们仍不得而知。但可以肯定的是，出现于 38 亿年前的原核生物，是当今所有生物的共同祖先。另外，虽同属单细胞生物，但原核生物与真核生物中的单细胞生物（原生生物，有草履虫、眼虫、阿米巴原虫等）是性质完全不同的两种生物。

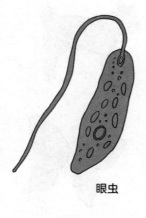

眼虫

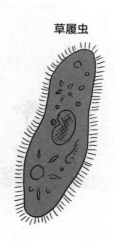

草履虫

90 多细胞生物

▶ 多个细胞各自分工的生物

即多个分化细胞组成的生命体，且各分化细胞有专门的功能。几乎所有动植物都是多细胞生物，从大型生物人类的几十万亿个，到最小的四豆藻属团藻[1]的 4 个，物种之间个体细胞总数差异巨大。目前已知的第一个多细胞生物出现于 10 亿年前，但不排除以后会出土离我们更久远的化石。在现存的多细胞生物中，我们最近在地中海海底又发现了 3 种可在无氧深海栖息的生物，可见多细胞生物的多样性超出了我们的想象。

人

狗

植物

昆虫

---

1 Tetrabaena socialis，暂译为四豆藻属团藻。

 **域**

▶ 生物分类法中的最高类别

即生物层级中最顶端的分类群[1]，由美国微生物学家卡尔·沃斯于 1990 年提出，由此开启了利用基因分析进行生物分类的先河。从 DNA 解析的角度，所有生物从系统上被分为真核生物域、真细菌域[2]、古细菌域（第 24 页）。

林奈 1735 年 2 界说	海克尔 1894 年 3 界说	魏泰克 1969 年 5 界说	沃斯 1977 年 6 界说	沃斯 1990 年 3 域说
	原生 生物界	原核 生物界	真细菌界	真细菌域
			古细菌界	古细菌域
		原生生物界	原生生物界	真核 生物域
植物界	植物界	真菌界	真菌界	
		植物界	植物界	
动物界	动物界	动物界	动物界	

1　生物分类通常包括域、界、门、纲、目、科、属、种等级别。

2　除古细菌以外的所有细菌均称为真细菌。

92 古细菌

archaea

▶ 可在极端环境下生存

　　正如其名，古细菌在形态上与普通细菌差别极小，但在系统分类上，两者是不同的生物。与其说是真细菌，古细菌更倾向于真核生物的近亲——原核生物。古细菌多生长于极端环境：有生长于盐浓度较高的湖泊的嗜盐菌，有好高温的嗜热菌，有生长于热水环境的超嗜热菌，甚至还有的偏好强酸强碱等。可从有机物生成甲烷的产甲烷菌也是古细菌的一种。另外学界认为，当与真细菌实现内共生后，古细菌就进化为真核生物，而真细菌也是线粒体和叶绿体的祖先。

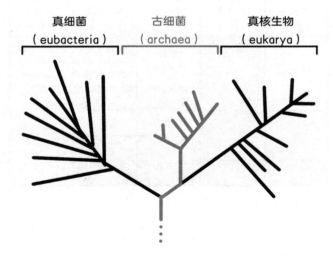

真细菌　　　　　古细菌　　　　　真核生物
（eubacteria）　（archaea）　（eukarya）

细菌

▶ 已有 38 亿年历史的生物

　　广义上泛指包含了古细菌与真细菌的原核生物，但通常指的是真细菌。细菌大小一般在 0.5～5.0 微米，在光学显微镜下肉眼可见。细胞内没有细胞核、核膜、线粒体、叶绿体等。在形状上，有单体呈球形的单球菌，有两个球形单体成对的双球菌，有连成规则直线状的链球菌，还有不规则堆聚成葡萄串状的葡萄球菌等。

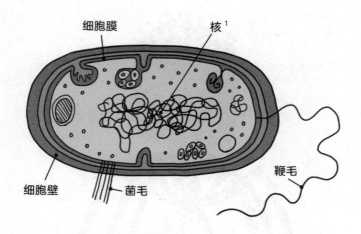

细胞膜　　　　　　　　核[1]

鞭毛

细胞壁　　　菌毛

1　拟核。

94 病毒

virus

▶ 起源不明的谜之结构体

　　病毒没有细胞结构，只有与细胞生物明显不同的分子结构，与独特的增殖方式。病毒的物质结构是核蛋白质，大小一般在 20～300 纳米（1 纳米 $=10^{-9}$ 米），内含携带遗传信息的核酸（DNA 或 RNA）。病毒自身不能代谢，只有在感染宿主细胞后才能自我增殖。病毒的增殖往往导致宿主发病或行为异常，因此多被视为病原体。但病毒感染过程中的逆转录又会为基因组植入新的基因，由此学界猜测：病毒对生物进化可能有一定的促进作用。

再坏的我也是有闪光点的嘛！

可感染细菌的
噬菌体

126

95 埃迪卡拉动物群

Ediacaran fauna

▶生物走向多样的"第一桶金"

由地质学家 R. 斯普里格于 1947 年在澳大利亚的埃迪卡拉丘陵发现，是生活在 6 亿～5 亿 5000 万年前的隐生宙埃迪卡拉纪的动物群，曾栖息着目前已知最古老的复杂大型生物。出土的全是无脊椎动物，有腔肠动物、海绵动物、环节动物、原始的节肢动物，甚至还有几种所属完全不明的动物，它们的特征是都没有硬壳。在数亿年间都没什么"存在感"的多细胞生物，为何在这一时期突飞猛进一鸣惊人？学界认为源于全球冰冻时期结束后大气中氧气浓度的增加。

我只是长得像金币哦！

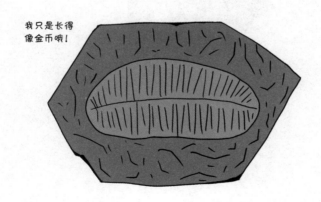

96 埃尼埃塔虫

Ernietta

▶ 埃迪卡拉"众生相"（1）

埃迪卡拉动物群的一员，全长约 3 厘米，是栖息于浅海海底的海洋生物。埃尼埃塔虫长得像超级玛丽[1]中的食人花，但它不是捕食者，而是利用通透的身体过滤海水以汲取有机物。

我只是长得像锅夹哦！

1　一款经典电子游戏。

97 金伯拉虫

Kimberella

▶ 埃迪卡拉"众生相"（2）

　　埃迪卡拉动物群中的一员海洋生物，最长可达约 10 厘米，可能是软体动物的祖先。从化石资料来看，其背面长着军盔形状的壳体，该壳体柔软且收放自如，而不是像后代软体动物的那样会矿化。壳体伸出的吻部就像双贝壳类的吸水管，细长且有两个爪子，金伯拉虫就是靠着这些挠搅海底表面以获取微生物的。

1　日语中"金伯拉虫"和"灰姑娘"读音相似。

生命走向多样化

98 寒武纪生命大爆发

▶ 古生代生物向多样化迈出的一大步

在全球冰冻的背景下，6.5 亿年前的埃迪卡拉纪出现了一些大型多姿的动物。而到了约 5.5 亿年前的寒武纪，这些动物的形态一下子（"一下子"是相对的，实际历经了几百万年）变得复杂，物种也变得丰富起来。地球环境的稳定加速了生物的进化，乃至催生了捕食动物。这是寒武纪生命大爆发的原因。那些能高效获取食物的动物，其肌肉与神经系统也日益发达，有的变得身手敏捷，有的获得了保护自身的硬壳。如此一来，捕食者之间不可避免地陷入"内卷"，而也正因如此，生物的多样化才得以大步向前。

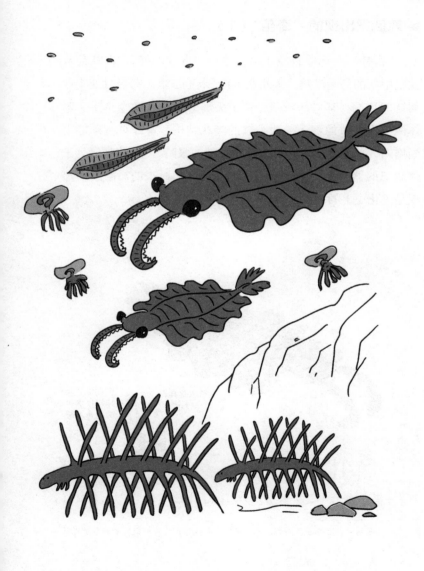

99 奇虾

Anomalocaris

▶ 寒武纪出现的"奇葩"（1）

　　"奇虾"一词取自拉丁语，原指"奇妙的虾"。奇虾是寒武纪中期的海生动物，大小在 60 厘米至 2 米，在当时处于食物链的顶端。其口部较圆，长于头部的触角有两个爪子，躯体两侧有多枚像羽毛一般柔软的鳍状结构。奇虾觅食总能手到擒来，关键就在于其位于触角根部的眼睛[1]。眼睛是诞生于寒武纪的器官，被认为是从感光细胞进化而来的。眼睛的出现是进化史上的一件大事。

长成这样不配为虾。

你说出这样的话也不配为人哦！

1　奇虾的眼睛和乒乓球差不多大，且拥有很多晶状体，为奇虾提供了非常敏锐的视觉。

100 欧巴宾海蝎

Opabinia

▶ 寒武纪出现的"奇葩"（2）

寒武纪中期前后的海生动物，长 4～7 厘米，头部有一个魔术手模样的长长的器官和 5 只眼睛，体节分为 15 段且两侧是像羽毛一般的鳍状结构，十分奇妙。一般认为，欧巴宾海蝎与环节动物和节肢动物有着共同的祖先，也有观点认为它与奇虾是近亲，可见它在科、属、种的层面都是特别的存在。另外从系统树上看，今天的节肢动物都是从奇虾和欧巴宾海蝎演化而来的。

101 怪诞虫

Hallucigenia

▶ 寒武纪出现的"奇葩"（3）

约寒武纪中期的海生动物。在寒武纪的未解生物之中，其身躯的另类特征更是数一数二：细长的身体之上有刺状触角，下部也有像腿脚的细长器官。从其形状看，应该是目前有爪动物的远古祖先。怪诞虫有眼睛和嘴巴，以海底尸肉为生。

136

102 皮卡虫

genus Pikaia

▶ 寒武纪出现的"奇葩"（4）

寒武纪中期前后的海生动物，体长约 4 厘米，形状像舌
鳎鱼，头部有两根触角，背部的脊索是其最大特征。脊索是
一种柔软的棒状器官，后来进化为脊椎，可见皮卡虫是目前
地球上已知的脊椎动物最早的祖先。但最近又有更古老的相
似化石出土，相关研究仍在进行。

我想养几个
玩玩。

早就灭
绝了。

137

103 动物系统树

genealogical tree

▶ 描述不同物种之间关系的图

即按推算的进化历史生成的"生物族谱"，由于看上去像是"开枝散叶"，所以称之为系统树。从图中我们不难看出，以共同祖先为开端，历经多次物种迭代与分化，才有了今天的各种生物。系统树由拉马克首创，而自从达尔文从物种分化的角度解释生物多样性以来，分化的概念一直受到重视，系统树也随着时代的进步日趋完善。另外，随着分子生物学的发展，以 DNA 解析为基础的分子系统树也已问世。

▶ 不同的系统树

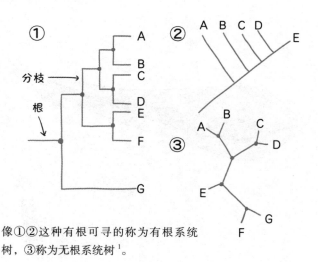

像①②这种有根可寻的称为有根系统树，③称为无根系统树[1]。

---

1 有根系统树为 rooted tree；无根系统树为 unrooted tree。

▶ 当下流行的系统树

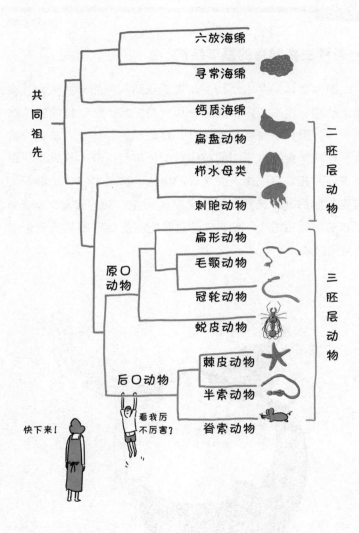

104 躯体蓝图

body plan

▶ 各种生物固有的基本结构

即生物体的基本结构。该概念从结构层面考察生物，表述了细胞、组织、器官的分化程度与配置等。动物的躯体结构不一，但可从身体的对称性，体腔结构，体节，感觉、捕食、移动、交配时所用的肢体等特征进行区分。从进化的角度来看，凡是系统树上有关联的生物，都或多或少地继承了祖先躯体的基本结构，如人类身体的左右对称性就继承于6亿年前的远古祖先。换言之，进化就是躯体蓝图从低级走向高级的过程。

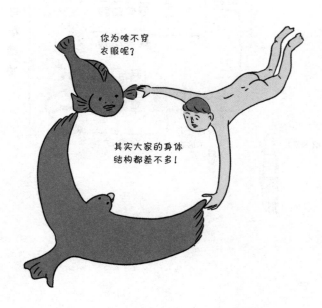

105 原口动物

protostome

▶ 发育中出现的首个开口即口部的动物

　　系统树中关联于节肢动物的各种动物（扁形动物、轮形动物、线虫动物、环节动物、软体动物等）都属于原口动物。原口动物大致分为扁形动物超门、毛颚动物超门、冠轮动物超门、蜕皮动物超门。之所以称为原口动物，是因为与其发育过程有关：在动物胚胎发育初期，卵核泡的一部分会像气球一样朝卵内部膨胀，成为消化器官的原型——原肠，而对于原口动物来说，这个形如气球的结构的开口，即原口，最终会成为成体[1]的口部[2]，而肛门则形成于原肠的末端。在希腊语中，proto 意为"最初的"，stome 意为"口部"。

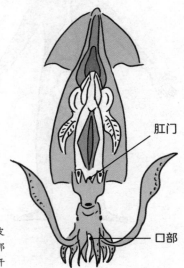

肛门

口部

1　即动物胚胎形成的成熟个体。
2　这时候的胚胎就好像一个瘪了的皮球，如果把这个皮球纵向切开，那么就得到一个 U 形截面，"U"的开口就是原口，原口发育成进食用的嘴的动物就是原口动物。

106 后口动物

▶ 发育中出现的首个开口成为肛门的动物

与原口动物相对，原口最终发育成肛门的就是后口动物，后口动物进食的口部会在之后另外形成。与脊索动物相关联的动物，如棘皮动物、半索动物、人等，都属于后口动物。当动物进化出左右对称的身体后，很快又分化成原口动物和后口动物两个系统。deutero 在希腊语中意指"第二"。

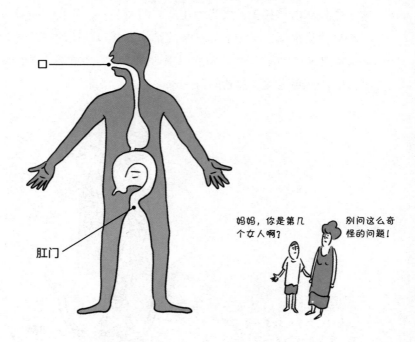

口

肛门

妈妈，你是第几个女人啊？

别问这么奇怪的问题！

107 二胚层动物

diploblastic animal

▶ 胚胎细胞分成两个种类的生物

几乎所有生物都是通过细胞分裂来发育成长的，而受精后的胚胎[1]只由内胚层和外胚层构成的生物称为二胚层动物，如扁盘动物、栉水母类、刺胞动物。二胚层动物身体结构简单，只有原肠和覆盖原肠的细胞层。隐生宙末期的地层中曾发现二胚层多细胞动物的痕迹，埃迪卡拉动物群也有不少二胚层动物。

108 三胚层动物

triploblastic animal

▶ 胚胎细胞分成三部分的复杂生物

受精后的胚胎由内胚层、中胚层、外胚层构成的生物称为三胚层动物，包括所有的原口动物和后口动物。三胚层动物从二胚层动物进化而来，两者之间的时间间隔并不遥远，在6亿～5亿8000万年前的地层就发现了小于180微米的原始三胚层动物的化石。按分子钟推算，三胚层动物可能首次出现于12亿年前，但尚无可作物证的化石资料。由于中胚层的存在，三胚层动物具备了体腔结构（第145页），由此，外胚层和内胚层得以形成更复杂的器官。

1　包括成体结构。

109 对称性

▶ 身体对称的生物

现今可见的所有生物都是镜像对称（镜像与自身相同）的，不过埃迪卡拉动物群曾有不同的案例（如旋转对称、螺旋对称）。现在的动物的镜像对称性又分为辐射对称和左右对称，其中辐射对称动物的运动能力较低，基本上附着于岩石或其他动植物上。而左右对称动物基本上从头部到尾轴都呈左右对称，且神经系统倾向于集中在头部，另外在左右感觉器官的加持下，左右对称动物获得了方向能力和更高的机动性，从而更利于进化。

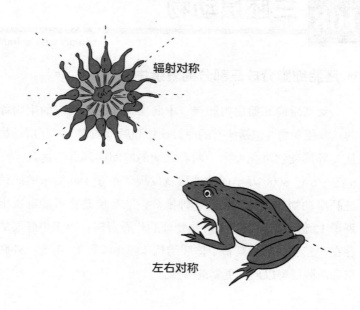

辐射对称

左右对称

110 体腔结构

coelom

▶ 体壁与内脏之间的空间

即动物体壁与内脏之间的空隙，它直接影响动物的运动能力。除扁形动物以外的三胚层动物都有发达的体腔。根据体腔的存在与否和结构特点，三胚层动物可分为：无体腔动物、假体腔动物、体腔动物。体腔内通常充满液体，而液体有流动性，会在压力作用下流向其他部位，即随着体内肌肉施加的压力变化，各个部位会相应膨胀收缩。而如果有意识地重复增减压力，就可让身体运动起来，这也是小型动物的移动模式。

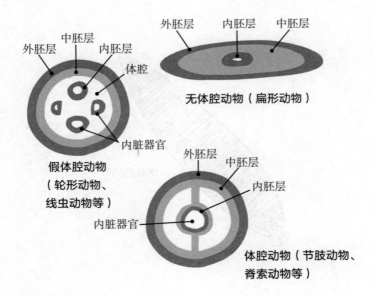

无体腔动物（扁形动物）

假体腔动物（轮形动物、线虫动物等）

体腔动物（节肢动物、脊索动物等）

111 体节

arthromere

▶ 动物身体的重复结构的基本单位

像蚯蚓这种生物，从头到尾都是由外观和结构都十分相似的分段"组合"而成，其每一个分段就是体节。蚯蚓的每个体节都有各自的结构：腹神经节、横行血管、体腔和一对肾管等。而节肢动物，如甲壳类和昆虫类，由于几乎全身的体节都出现愈合，所以只能在其腹部观察到明显的体节结构。另外，体节层面的躯体结构变化有力地推动了节肢动物的进化，使之比其他动物进化出了更多的物种。脊椎动物的整体体节结构只可见于发育期，不过成体后仍可从骨骼和肌肉等观察到体节结构。

水蛭的体节

海绵动物

sponge

▶ 现存的最原始的多细胞生物

　　海绵动物是最低等的多细胞生物，所以又称侧生动物，生殖方式上有性生殖和无性生殖皆有，又兼具胎生和卵生，发育过程不形成胚层，属于无胚层动物。如其名所示，海绵动物在很长一段时间内都被视为植物。它们多生活在大海并附着于岩石和海藻等，身体不对称，呈不规则的块状、壶状或树枝状。它们身体结构非常简单，没有运动神经和感觉器官，通过身体表面的多个小孔吸收海水后，由胃腔内的襟细胞（又叫领细胞）消化吸收营养物质，再通过上部的出水孔排出不能消化的东西和海水。不过为了适应复杂的水流，海绵动物身体大小不一、千姿百态。

这能叫动物吗？

算是吧。

113 扁盘动物

▶ 仅存一种的谜一般原始生物

以海为家的原始二胚层动物,整个扁盘动物门仅有"丝盘虫"一种[1]。扁盘动物有着最简单的躯体结构,全身共有2000～3000个细胞,分为3层,看上去薄得不能再薄了,既没有体节结构和对称性,也没有运动神经、感觉器官、肌肉、消化管道等。其身体表面的纤毛既用于移动,也用于进食:释放消化酶以分解单细胞生物或藻类,然后由体表的细胞直接吸收。扁盘动物基本上都是无性生殖的,但似乎也有有性生殖的案例。其身体又小又透明,极难观察,目前对其生活环的了解也近乎空白。

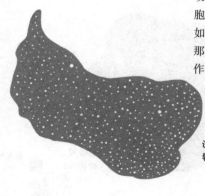

* 生活环:
动物的一生始于前一代的生殖细胞,历经发育,终结于死亡。而如果以繁殖后代作为一个节点,那么这个节点及之前的阶段就算作一个周期,称为生活环。[2]

这种动物有必要存在吗?

你这说的什么话?

1　有研究表明,可能有两种。
2　life cycle,又称生活周期。即由受精卵经过发育作为新一代诞生,逐渐生长,达到性成熟时又具备了生殖能力的全过程。

114 栉水母

Ctenophora

▶ 名字带"水母"，实则非水母

　　身体左右对称（两辐对称）的二胚层海洋浮游生物，其身体无色透明，呈胶状，体表有 8 列呈梳齿状的纤毛[1]，与水母不是同一种生物。栉水母有明显的肠道系统，伸缩自如的触手有着无数的黏细胞，以小型甲壳类和鱼类为食。另外，近年发现，一般动物所使用的 10 种基本神经递质[2]中，栉水母仅有其中的一两个，且栉水母没有常见于其他动物的用于控制基因的 miRNA（第 182 页），这也将有助于我们揭开动物的进化之谜。

还是算是水母吧？

都说了不是了。

1　即 8 列栉板，栉板上覆盖着纤毛。

2　如肾上腺素。

115 刺胞动物

Cnidaria

▶ 好看的水母都有毒

　　过去称为"腔肠动物"。身体原则上呈辐射对称的二胚层动物，肠道系统并不完整，有1万1000多种，包括水母、珊瑚、海葵。刺胞动物外观千姿百态，但体内都有宛如毒针的可发射的刺细胞，用于捕食。而得益于体内的共生微生物"虫黄藻"，珊瑚和海葵等也可通过光合作用获取营养。从生活环来看，刺胞动物始于有性生殖，而后历经以下阶段：①从受精卵发育成可自己移动的浮浪幼虫；②浮浪幼虫沉入海底成长（水螅体）；③成长一段时间后通过无性生殖的方式长出芽体，继而释放出新的浮游生物（水母体）[1]。

过了盂兰盆节后整个大海就都是了。

是呢。

1　水母期个体还会产生生殖细胞，继而结合成受精卵，再发育为浮浪幼虫。

116 毛颚动物

▶ 海洋生态系统的顶梁柱

又称箭虫，是三胚层海洋浮游生物，雌雄同体，现存
120 种以上。毛颚动物虽品种不多，但数量庞大，作为浮游
生物，是海洋生态系统的关键部分。毛颚动物身体形如箭矢，
左右对称，分为头部、躯干、尾部，体腔由横膈膜一分为三，
像鱼那样长着侧鳍和尾鳍且可自由游动。毛颚动物有消化系
统和神经系统，但没有呼吸器官、循环器官、排泄器官。从
发育上看它像后口动物，但躯体结构又倾向于原口动物，虽
然分子系统解析的结果最终鉴定其为原口动物，但它在系统
树上的定位仍不确定。

冠轮动物

Lophotrochozoa

▶ 用触手冠进食和呼吸

在 1995 年分子系统解析结果的基础上，作为原口动物的新超门（"门"之上的类别），冠轮动物的概念应运而生，其中包括了当下的颚口动物、软体动物、环节动物等 19 个门类，很多地方仍未有定论。大部分冠轮动物有以下共同点：①以触手冠作为进食器官；②一部分在幼虫阶段以"担轮幼虫"的形态度过。触手冠用触手的外突围绕着口部，也可用于气体交换。另外，担轮幼虫用纤毛移动，其简单的消化系统由口、胃、肠、肛门组成。

118 蜕皮动物

Ecdysozoa

▶ 换一层皮继续生长

　　这是 1997 年的分子系统解析结果催生的新概念，与冠轮动物一样同属原口动物的新超门，包括节肢动物、有爪动物、缓步动物、动吻动物、鳃曳动物、铠甲动物、线虫动物、线形动物 8 个门类。从蠕虫状的，到区分出头、躯干、尾结构的昆虫型的，应有尽有。它们的共同点是：①有角质层形成的外骨骼；②会蜕皮。另外，冠轮动物和蜕皮动物的体腔形态并不统一 [1]，所以当下的形态系统分类方法对此并不适用。

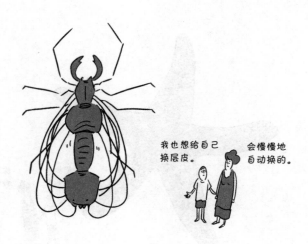

我也想给自己换层皮。

会慢慢地自动换的。

1　这两个超门的动物都包括无体腔动物、假体腔动物、体腔动物三种类型。

119 棘皮动物

echinoderm

▶ 最古老的后口生物

棘皮动物历史久远，包括海胆、海鼠、海星、海百合、蛇尾[1]5 纲，现存的后口动物都是从它进化而来的。在古生代，棘皮动物盛极一时，其中又以海百合为最。现存品种皆是海生，身体呈五辐射对称，有石灰质的骨片或壳，表皮下的骨板长着形状各异的棘。管足是其运动器官，并连接体内的水管系统。值得一提的是，棘皮动物在幼虫期是呈左右对称的。辐射对称本来是多见于植物的特征，然而固着生活或移动缓慢的动物反而朝着植物的方向进化，也算是趋同进化的一个案例。

1　蛇尾纲，Ophiuroidea。

120 半索动物

Hemichordata

▶ 棘皮动物与脊索动物之间的过渡体?

　　雌雄异体的海生后口动物,包括肠鳃类、羽鳃类和已灭绝的笔石类,现存约90种。细长的身体呈蠕虫状,分为前、中、后三个部分,其中后部占大部分。在发育阶段,肠鳃类要先经过"柱头幼虫"期[1],羽鳃类则直接发育。半索动物的发育过程和幼虫形状与棘皮动物的相似,在形态上则是脊索动物的近亲。

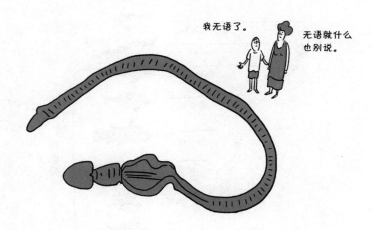

我无语了。

无语就什么也别说。

1　先发育成柱头幼虫(tornaria),然后经变态为成体。不过美国沿海的纤吻柱头虫(Saccoglossus)不经历幼虫时期和变态,直接发育为柱头虫。

155

121 脊索动物

chordara

▶ 终于长出脊柱了！

　　人类也属于脊索动物。其身体左右对称，皆有脊索用于支撑身体，遍布海洋、淡水、陆地等所有环境，有着现存动物中最高级的躯体结构和分化机能。下一级的亚门分为头索动物、尾索动物、脊椎动物，其中脊椎动物包括了鱼类、两栖类、爬行类、鸟类和哺乳类。脊椎动物发育初期的脊索，会在一段时间后置换成脊椎骨，而支撑全身的脊椎骨的出现，使得脑部等器官可以长得更大，于是有力推动了生物进化。

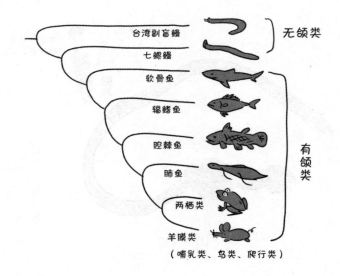

156

122 线虫

nematode

▶ 蠕动的家伙

　　线虫是线虫动物的俗称，在蜕皮动物中，它的种类数量仅次于节肢动物：目前已登记（命名）的超过 2 万 5000 种，但实际可能有 50 万～1 亿种。线虫身体左右对称，呈丝状，有假体腔，没有体节，绝大多数无色透明。几乎所有线虫只能通过显微镜观察，但寄生在鲸鱼体内的线虫有的超过 9 米。线虫有不少是寄生虫和害虫，与人类生活密切相关，且在土壤中的个体数目极大，是生态系统物质循环的重要推手。

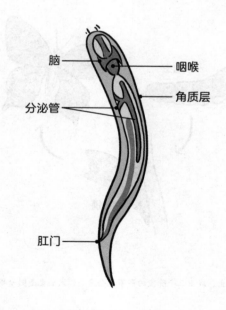

脑 —
— 咽喉
— 角质层
分泌管 —
肛门 —

123 变态

▶ 发育阶段中的形态改变

　　一般指从开始发育到成体期间，动物个体蜕皮后形态发生显著改变的现象，常见的有蝴蝶和青蛙的变态。随着形态的改变，动物变态后的栖息环境和食物等生活方式也会发生巨变。变态不发生于哺乳类、鸟类、爬行类、鱼类。昆虫类的变态又有两种，即在蛹化后形态一下子改变的完全变态和形态渐进改变的不完全变态[1]。植物也有"一反常态"的变态现象，如地瓜的贮藏根[2]。

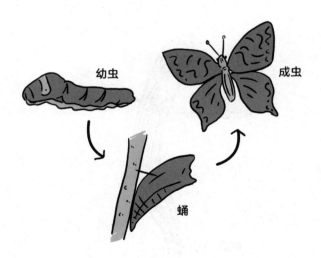

幼虫　　成虫

蛹

1　只经过卵、幼虫、成虫三个阶段的即不完全变态；完全变态则分卵、幼虫、蛹、成虫四个阶段。

2　指根的一部分或全部为了贮藏营养、水、矿物质等变得肥大。

124 节肢动物

Arthropoda

▶ 地球生物的"大多数民族"

为后口动物，以昆虫类为主，包括虾、蟹等甲壳类和蜘蛛、壁虱等蛛形类，种类极为丰富，占所有已命名动物物种的85%以上，分布于地球所有环境。身体由左右对称的体节构成，体节的结构和机能会因部位的不同而不同，身体中心没有骨头，但由角质层形成的外骨骼覆盖着体表，成长的过程中会通过蜕皮获得新的外骨骼。节肢动物的祖先很可能是在寒武纪盛极一时的三叶虫类，而到了志留纪，昆虫就已经出现了。在与脊椎动物躯体结构完全不同的生物中，节肢动物算得上是进化程度最高的。

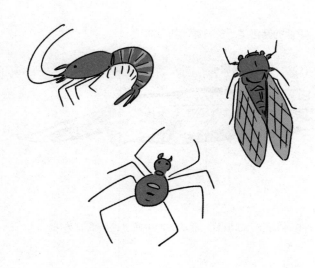

125 四足动物

▶ 有四肢的动物

除鱼类以外的脊椎动物都是四足动物，分别有两条前肢（人类的前肢是上肢，鸟类的前肢是翅膀）和两条后肢。肢的原型是鱼类左右分别成对的胸鳍和腹鳍，其中前肢和后肢分别从胸鳍和腹鳍变形而来。由于足部的存在，鱼类中的肉鳍类得以登上陆地，于是又被视为四足动物进化过程中的过渡形态。肢原则上分3节，末端长有指头，主要用于移动，但随着握抓物体能力的不断强化，灵长类以上的动物的前肢演变为手，于是才有了双腿走路的人类。

早期的两栖类"鱼石螈"的骨骼

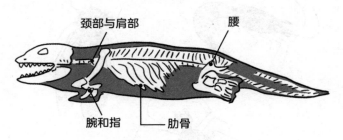

浮出水面登上陆地后，活动的增多使得骨骼更加发达。

▶ 可栖息于水陆两种环境

　　脊椎动物中首批适应陆地生活的物种，包括青蛙、隐鳃鲵（蝾螈）、蚓螈类。两栖类的进化始于古生代，其中四肢的前身是鱼鳍，而肺的前身是鱼鳔，可在陆地呼吸。作为两栖类最古老的化石，来自泥盆纪的鱼石螈化石一直为人所知，不过最近又有更久远的化石出土。进入石炭纪后，两栖类的品种越发多样，且出现了大型的品种，但在二叠纪到中生代期间则被爬行类所取代[1]。两栖类动物的脑部没有新皮质，体循环和肺循环不完全分离，偏好高湿环境，但也有青蛙等适应干燥环境的品种，另外现在人们也在不断发现新的品种。

想回家了。[2]

1　爬行类是从两栖类演化而来的。
2　日语青蛙的读音与动词"回家"的原形读音相似。

161

127 羊膜类

Amniota

▶ 生殖方式的重大里程碑！

即发育时胚胎有羊膜保护的脊椎动物，包括爬行类、鸟类、哺乳类。两栖类虽然可在陆地生活，但产下的卵依然需要充足的水分，所以栖息地局限在水边。但随着羊膜的出现，产下的卵在羊膜的保护下，即使在陆地上也能保持充足的水分，于是催生出了爬行类。在石灰质外壳的保护下，羊膜卵[1]可适应干燥环境，大大扩展了羊膜类动物的生存空间。另外，再结合胎生的方式，羊膜类中的哺乳类更是大大提升了繁殖效率。

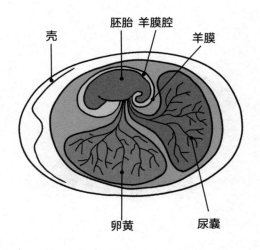

壳　　胚胎　羊膜腔　　羊膜

卵黄　　　尿囊

---

1 即"蛋"。

162

128 爬行类

▶ 干燥环境下也能生存

即体表覆盖角质鳞片的变温脊椎动物，包括龟、蜥蜴、蛇、鳄鱼、恐龙等，大部分是陆生，用肺呼吸，卵生或卵胎生繁殖。与两栖类相比，爬行类有着更发达的肺功能，其坚硬的表皮能有效防止水分流失，所以生存空间广阔，除了集中在热带和亚热带，还遍及除南极外的其他大陆和岛屿。不过爬行类也有退化的案例，如适应水中生活后四肢从足变回鳍的海龟，又如四肢都退化了的蛇。

129 恐龙类

Dinosauria

▶ 地球曾经的主宰

　　从两栖类进化而来的陆生爬行类，进入中生代后块头越来越大，到了三叠纪，就成了我们现在说的恐龙。根据骨盘形状的不同，恐龙又可分为蜥臀类和鸟臀类，而最新研究发现：鸟臀类是从蜥臀类演化而来的。蜥臀类又可分为兽脚类和蜥脚形类，其中前者是以暴龙为代表的双足行走的肉食动物，后者是以腕龙为代表的大型草食动物。鸟臀目则包括剑龙类、钩龙类、角龙类（如三角龙）等。另外，翼龙（无齿翼龙等）和蛇颈龙[1]都不属于恐龙，它们和恐龙在白垩纪末期已基本灭绝。

1　有观点认为，蛇颈龙生存于三叠纪中期。

130 鸟类

▶ 残存的飞行恐龙的后代

　　即脊索动物门鸟纲的所有动物，几乎都会飞，现存约
9000 种，水生陆生皆有，多数在陆地生活并以树为家。鸟类
是卵生的恒温动物，身体长着羽毛，以前肢为翅膀，头部的
嘴巴有鸟喙。学界认为：鸟类的祖先是在白垩纪末期的大灭
绝中幸存的一部分恐龙，而鸟类是在 1 亿 7500 万年前从兽脚
类演化而来的。大家熟知的最古老的鸟"始祖鸟"（最近又有
更远古的化石出土）就和普通的鸟类一样有着发达的羽毛和
翅膀，另外还有钩爪和牙齿，可见是鸟类进化过程中的过渡
物种。

131 哺乳类

▶ "带娃，我们是专业的！"

　　即脊索动物门哺乳纲的所有动物，皮肤有汗腺和乳腺等，用乳汁喂养后代。哺乳类是用肺呼吸的恒温动物，心脏有两个心房、两个心室，左、右两个大脑半球都很大且发达。除单孔类以外都是胎生。另外，除了人类，其他哺乳类几乎全身都由体毛覆盖，且用四条腿走路。哺乳类在三叠纪后期从爬行类演化而来，待恐龙灭绝、进入新生代后，新种类如雨后春笋一般涌现。现存约 5000 种，遍布地球每一个角落，形态随栖息环境而变化，如前肢形如翅膀的会飞的蝙蝠、像鱼类那样有着流线形躯体的鲸鱼和海豚，以及生活在地下的鼹鼠。

132 隐王兽

Adelobasileus

▶ 人类的远古祖先

　　隐王兽已灭绝，是已出土化石中最古老的哺乳类（也有不少观点认为隐王兽不属于真正的哺乳类，而是哺乳形类），出土于三叠纪后期（2 亿 2500 万年前）的地层。体长 10～15 厘米，和鼩鼱一般大小，与鸭嘴兽一样属于卵生动物，全身由短短的体毛覆盖。学界认为隐王兽的祖先是兽孔类，但兽孔类的形态似乎与爬行类颇有渊源，而隐王兽的体形和骨骼等又更接近哺乳类。隐王兽的学名出自拉丁语，意为"不起眼的王"。

不起眼的王是什么东东？

167

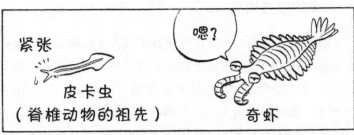

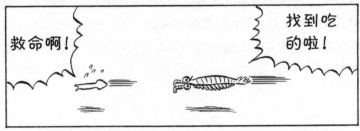

第 5 章

人类诞生的秘密

133 灵长类

Primates

▶ 包括人类在内的猴子大家庭

　　灵长类是哺乳纲灵长目动物的总称，即猴子大家庭的成员，分为原猴类[1]和类人猿[2]，现存约200种，主要分布在热带至亚热带，其中只有人类遍及全球。"消灭"了原人的现代人类也属于灵长类。灵长类是在白垩纪后期到古近纪初期（古新世前期），从形如食虫类的小型哺乳类（近猴类）演化而来的，并在适应树上生活的过程中不断进化，最终获得了可抓取物体的手指、立体视觉和发达的大脑。在日语中，"灵长"意指"高深莫测的强者中的强者"，不过人类貌似没有那么厉害。

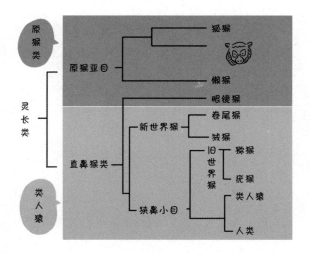

1　原猴类，prosimians。
2　类人猿，anthropoids。

134 类人猿

▶ 最接近人类的动物

　　类人猿是灵长目人超科[1]动物的总称，是最接近人类的猿类，既包括大猩猩、黑猩猩、猩猩[2]、倭黑猩猩等大型类人猿，也包括长臂猿。也有学者认为人类属于类人猿。类人猿没有尾巴，行走时会"驼背"，且大型类人猿在拥有发达脑部、会使用工具、有复杂的社会生活等方面，与人类趋同。类人猿是在中新世由旧世界猴演化而来的，如今已知最古老的类人猿是出现于 1800 万年前的原康修尔猿。另外，类人猿由于适应环境的能力较低，现生类人猿多濒临灭绝，需加以保护。

1　人超科（Hominoidea），原康修尔猿（Proconsul）。
2　大猩猩、黑猩猩、猩猩之间有区别。

171

135 人属

Homo

▶ 出现于 240 万年前

　　人属被冠以 Homo 的学名，可见从原人到现代人类皆是人属。目前已知最古老的人属，是存在于 240 万～140 万年前的能人，从猿人"南方古猿"演化而来，然后经历了 13 个不同种（有争议）的反复交替，其中包括以爪哇人和北京人为代表的直立人、旧人"尼安德特人"等，最终只有智人[1]——我们人类延续了下来。在拉丁语中，Homo 意指"人"。

你在看啥呢？

1　能人（homo habilis），南方古猿（Australopithecus），爪哇人（Homo erectus erectus），北京人（Homo erectus pekinensis），直立人（Homo erectus），旧人（paleo-man），尼安德特人（Homo neanderthalensis），智人（Homo sapiens）。

136 早期猿人

earliest hominins

▶ 半人半猿，但也算人

若把人类进化历程分为 4 个阶段，那么在第一阶段的最初期的就称为早期猿人，其中包括 3 属 4 种，即乍得沙赫人、图根原人、卡达巴地猿、拉密达地猿[1]，生活于 700 万～440 万年前的非洲大陆。虽然它们的外观和脑大小等与黑猩猩差不多，但从骨骼上看，它们直立行走，且犬齿退化的同时臼齿不断变大，可见已算是人。另外，它们肩部和腕部的骨骼较发达，可见仍多生活在树上。

---

1 乍得沙赫人（Sahelanthropus tchadensis），图根原人（Orrorin tugenensis），卡达巴地猿（Ardipithecus kadabba），拉密达地猿（Ardipithecus ramidus）。

173

137 猿人

early hominins

▶ 直立行走几成定局

即早期猿人之后出现的人类，包括肯尼亚平脸人、南方古猿属的 6 种、傍人属[1]的 3 种，合计 3 属 10 种。与早期猿人的主要区别在于牙齿，从变厚的珐琅质可以看出，猿人的食性从较软的果实转变为较硬的食物，即猿人从树林迁移到了硬质食物较多的草原。傍人比南方古猿更强壮，但最终还是灭绝了，而南方古猿则在 240 万～220 万年前进化为能人。

站得
很稳

吼吼吼

1　肯尼亚平脸人（Kenyanthropus platyops），傍人（Paranthropus）。

138 原人

human-like

▶ 开始用石器和火了

猿人之后就是原人了，包括先驱人、直立人（爪哇人、北京人等）、匠人、能人、弗洛勒斯人[1]，但这种分类仍有争议。其中直立人出现于约 180 万年前的非洲大陆，后远涉亚洲和欧洲，生活于第四纪更新世的前中期，脑容量占现代人类的 60%～80%，从足部骨骼可知其已完全直立行走。弗洛勒斯人是 5 万年前生活在小巽他群岛的弗洛勒斯岛的小型人类，其体形在隔绝的环境下渐趋短小。

别跑！

你说不跑就
不跑啊？

1　先驱人（Homo antecessor），匠人（Homo ergaster），弗洛勒斯人（Homo floresiensis）。

175

139 旧人

paleo-man

▶ 人属最后的分支

旧人是原人的下一代，即60万～3万年前分布于非洲至欧亚大陆亚寒带的人属总称，包括海德堡人[1]、尼安德特人。脑容量与现代人类持平，甚至可能更大一些，牙齿形状也与现代人类差不多。早于尼安德特人出现的海德堡人生活于60万～20万年前的欧洲和非洲，身体高大强壮，但使用的石器比尼安德特人的更落后且更接近于原人的，因此也有学者将之视为原人。

1　海德堡人，Homo heidelbergensis。

140 尼安德特人

Homo neanderthalensis

▶ 在与现代人类的生存竞争中被淘汰

　　尼安德特人是旧人的一种，由海德堡人演化而来。之前学界一直认为尼安德特人和现代人类没有杂交，但研究人员在 2010 年发现：非洲土著以外的现代人的 DNA 最多有 4% 来自尼安德特人，两者是可杂交的近缘物种。目前还不能断定尼安德特人会不会说话，但从脑容量和关系到说话能力的 FOXP2 基因（第 186 页）来看，它们很可能会说话。尼安德特人与现代人类的共同点也很多，如有意识地使用加工石器和生火、埋葬尸体等。后来在生存竞争中不敌现代人类，最终在约 3 万年前灭绝。

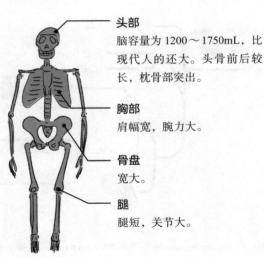

头部
脑容量为 1200～1750mL，比现代人的还大。头骨前后较长，枕骨部突出。

胸部
肩幅宽，腕力大。

骨盘
宽大。

腿
腿短，关节大。

141 新人

neo-man

▶ 曾濒临灭绝

即处于人类进化（目前为止）最终阶段的智人，由于智人曾与尼安德特人杂交，有不少学者认为两者是同种下的亚种关系。而在亚种关系下，现代人类属于晚期智人[1]，尼安德特人属于早期智人。最古老的智人化石出土于非洲摩洛哥约30万年前的地层。在10万～6万年前，一部分智人离开非洲，并在其他大陆"开枝散叶"，而这些生活在非洲以外的智人曾在某时期内锐减至1万人左右，从而使得除非洲土著以外的现代人类的基因比较单一。另外，猿人、原人、旧人、新人等叫法都是俗称，并非术语。

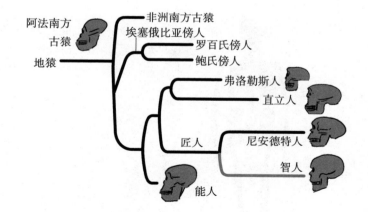

1　晚期智人（Homo sapiens sapiens），早期智人（Homo sapiens neanderthalensis），阿法南方古猿（Australopithecus afarensis），地猿（Ardipithecus），非洲南方古猿（Australopithecus africanus），埃塞俄比亚傍人（Paranthropus aethiopicus），罗百氏傍人（Paranthropus robustus），鲍氏傍人（Paranthropus boisei）。

142 智人

Homo sapiens

▶ 目前为止人属的最终形态

　　智人即现今的人类，也就是我们。智人在 10 万～6 万年前离开发源地非洲后，在各地急速扩张的过程中灭绝了若干人种和许多动物物种。从动物的角度来看，人类中的人种区分源于地域差异，外观的不同则出现于扩张及适应环境的过程。人类在 1 万年前开始农耕畜牧，并在培育出文明后将生活空间扩展至整个地球，由此带来的个体数激增对环境造成了巨大破坏，也引起了人们对自然生态系统稳定性的担忧。

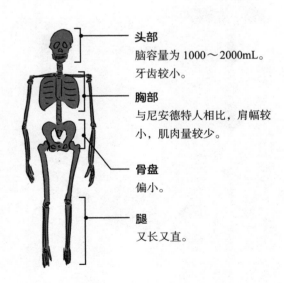

头部
脑容量为 1000～2000mL。
牙齿较小。

胸部
与尼安德特人相比，肩幅较
小，肌肉量较少。

骨盘
偏小。

腿
又长又直。

143 非编码 DNA

noncoding DNA

▶ 无为而有所为

基因组作为 DNA 碱基序列的总和，分为编码区和非编码区，其中只有前者掌握着合成蛋白质的"设计图"。而在人类的基因组中，非编码区占比高达 98%，其基因组序列看似毫无用处的流水账，所以一直被视为"垃圾 DNA"。但最近研究发现：在基因表达与转录、调节基因重组、稳定染色体等方面，非编码区对基因组发挥着重要作用。

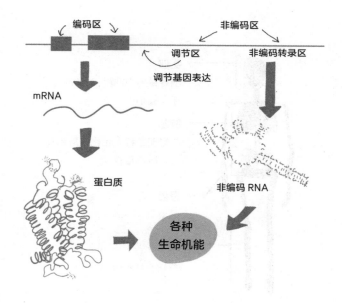

▶ "人猴分离"的关键基因

现代人类和黑猩猩的基因组重合率在 98% 以上，但两者在外观、行为、智力上相去甚远。究其根本原因，是黑猩猩在其基因组非编码 DNA 区域中比人类的多了 510 个 DNA 序列。其中一个就位于 GADD45G 基因（肿瘤抑制基因）的旁边，参与控制 GADD45G 基因的表达。而人类正因为缺少这个 DNA 序列，所以 GADD45G 也就失去功能，使得神经细胞的增殖畅通无阻，于是有了发达的大脑。由此可见，DNA 的增减都会推动生物的进化。

黑猩猩有抑制脑部特定区域成长
的 DNA，但人类没有。

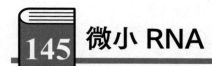

145 微小 RNA

▶RNA 控制部门的执行团队

　　近几年，人们从多种生物中发现了由 20～25 个碱基序列组成的极小 RNA，称为微小 RNA（miRNA）。miRNA 通过切断相应互补的信使 RNA（mRNA），来阻止蛋白质的合成，以此调节基因的表达。miRNA 来自基因组非编码 DNA 区域的基因转录。随着研究的深入，今后将会有更多关于生命活动和进化的新发现。

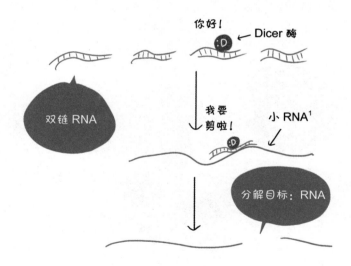

1 　小 RNA（small RNA）不是微小 RNA（miRNA），而是包含了 miRNA。

146 信使 RNA

messenger RNA

▶RNA 的主力部队

简称为 mRNA，负责将 DNA 碱基序列的信息传递到核糖体，这也是"信使 RNA"名称的由来。当核糖体收到 mRNA 的"工单"，就会通过 20 种氨基酸合成所指定的蛋白质。正因为有这个"派单系统"，生物才能够复制自己的细胞，进行生命活动所需的新陈代谢。真核生物的基因通常由外显子和内含子[1]交互衔接而成，其中前者携带合成蛋白质的信息，后者不携带，而 mRNA 则由其中若干外显子拼接而成。由此，同一段基因可以产生多种 mRNA，从而使得同一段基因可以合成多种蛋白质。

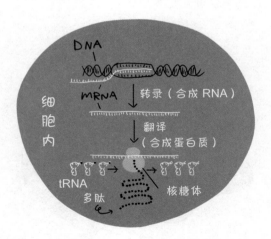

---

1 外显子和内含子都位于编码区，但内含子不参与最终的蛋白质编码；外显子会保留在成熟的 mRNA 分子中，并可在蛋白质生物合成过程中表达为蛋白质。

147 脑

brain

▶ 生物史上最伟大的杰作

　　所有复杂的生命活动都需要用脑，可以说，动物进化的历史就是脑的进化史。从寒武纪开始，动物获得了这个谜一般的器官，不过严格来说，当时的脑只是集中了神经细胞的原始神经系统。节肢动物和头足动物（章鱼、乌贼）也有较复杂的脑，但从系统发育的角度来看，和脊椎动物的脑完全是两回事。只有脊椎动物的脑分为脑干、小脑、大脑，三者各司其职：脑干负责维持基本生命，小脑负责知觉和运动机能，大脑负责信息的分析整理和记忆等，从而推动了复杂行为和思考方式的进化。人类学会直立行走后，骨骼出现了显著变化，脑的容量也大大增大。

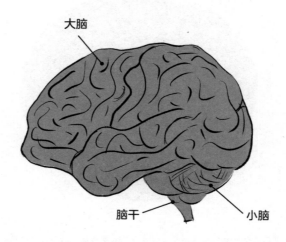

大脑

脑干　　小脑

148 加油基因和刹车基因

▶ 稍有失衡就变癌?

　　负责细胞分裂的基因分为加油基因和刹车基因,其中前者促进细胞分裂,后者抑制细胞分裂。比如在愈合外伤伤口时,加油基因会处于"开启状态"以大量增殖新的细胞;当完成修复后,刹车基因就会启动,避免制造多余的细胞。这两种基因一旦出现异常,就会对生命体造成巨大影响,比如癌变。

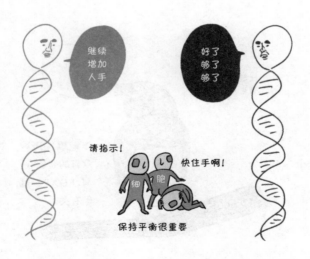

149 FOXP2 基因

▶ 让人类说话的基因？

语言是智人的一大利器，提高了群体内部的沟通能力，并为科技与文化的发展奠定了基础。为何唯独智人能够使用复杂的语言？关键就在于其 7 号染色体中的 FOXP2 基因。而一旦 FOXP2 基因发生变异，掌管语言能力的大脑新皮质的布洛卡区[1] 就会变得迟缓。黑猩猩和现代人类的 FOXP2 基因的碱基序列存在差异，可能也正是这个差异使人类获得了复杂的语言能力。另外，尼安德特人与现代人类有着一样的 FOXP2 基因。

比起在天上飞，我更喜欢唱歌。

年轻雄性斑胸草雀的"歌喉"与 FOXP2 基因有关。

1　布洛卡区病变会引起失语症。病人阅读、理解和书写不受影响，知道自己想说什么但发音困难，说话费力。

150 PEG10 基因

▶ 哺乳类产生的划时代基因

侏罗兽是生活在侏罗纪的哺乳类动物，与恐龙同在一片天空下，体长仅 10 厘米左右，非常不显眼，但其细小的身体却实现了伟大的进化：获得了目前已知最早的胎盘，并开创了胎生这一繁殖方式。而 PEG10 基因作为这一进化的推手，现在依然参与动物胎盘的形成，并且以逆转录转座子（移动基因的一种，经过 DNA → RNA → DNA 的转录和逆转录过程后插入其他基因组）的形式插入基因组中。另外，单孔类（鸭嘴兽）没有 PEG10 基因，不过在胎盘形成能力极低的有袋类中，还是能找到携带 PEG10 基因的个体的。

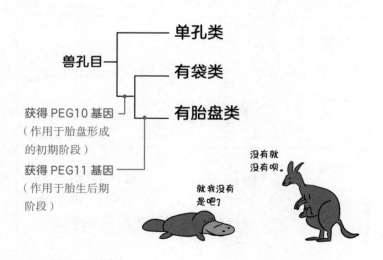

187

第 6 章

基因编辑与未来生命

151 遗传

heredity

▶ 生命的根本原理

遗传是通过基因实现的生物性状代际传递，既可以是亲代传给子代，也可以由细胞分裂传递。传递方式分为无性生殖和有性生殖。其中无性生殖通过体细胞分裂来产生新个体，所以分裂前后的性状不会改变。只要不发生突变，代际性状就不会出现任何偏差。而有性生殖，则由于提供配子的个体各自仅传递了自己一半的基因，所以下一代的基因会形成新的组合，以致子代与亲代有性状差异。

▶ 什么是遗传?

爸爸提供了基因。

要是像妈妈那该多好。

嘶嘶

嘶

遗传的本质就是遗传信息的代际传递。

▶ 改变基因组合，培育新品种

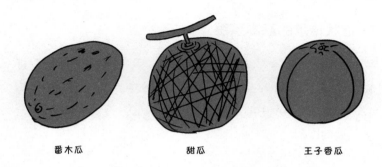

番木瓜   甜瓜   王子香瓜

一直以来人们用同种或近缘种杂交的方式培育了
不少新品种，而最近兴起的"基因重组技术"则
可实现基因的跨物种传递。

▶ 遗传信息的传递过程——中心法则

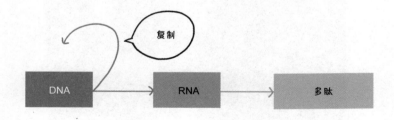

遗传信息的传递过程称为中心法则，即遗传信息
从DNA传递给RNA，再从RNA传递给多肽链（蛋
白质），且以上顺序不可逆。

152 基因

gene

▶ 性状传承的基本系统

带有遗传信息的 DNA 片段称为基因，一般指"指挥"蛋白质合成的 DNA 序列。在人类的 DNA 中，基因的占比仅约 1.5%，至于 DNA 中的其他部分，最近研究发现，它们并非一无是处的序列。

▶ 遗传学的历史

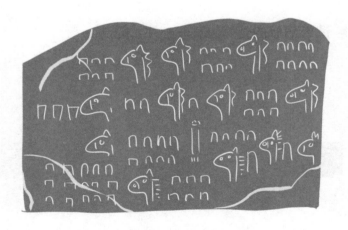

自古以来人们一直关注遗传现象。上图是来自古巴比伦的石板，记载了马匹头部与鬃发的遗传表现。

▶ 基因在哪里？

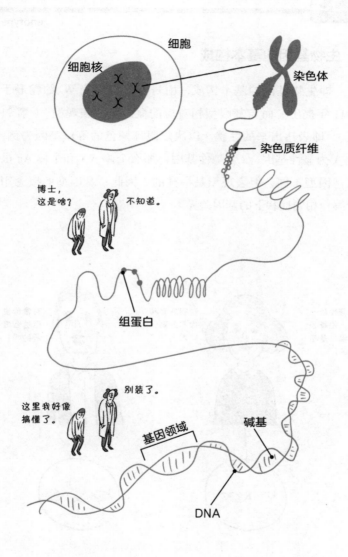

基因型

genotype

▶ 生物基因的基本构成

即生物基因的基本构成，由丹麦植物学家 W. 约翰逊于 1911 年提出。而与基因型相对应的概念是"表现型"（第 91 页），即表达出来的性状。以决定眼球颜色的等位基因为例，设 A 为显性基因，a 为隐性基因，那么个体 AA 和个体 Aa 虽然基因型不同，但表现型是一样的。因此，基因型的概念用于解释相同性状下的基因差异。

尽管性状一样，但基因的组合是不同的！

说到底我和你不是同一类人。

有像你说话这么难听的吗？

基因座

▶每个基因各自的"家"

　　即各个基因在染色体中的固定位置。在同源染色体上位于相同基因座的基因，称为等位基因（第 82 页），其中等位基因相同的称为纯合子（第 83 页），等位基因不同的称为杂合子（第 84 页）。

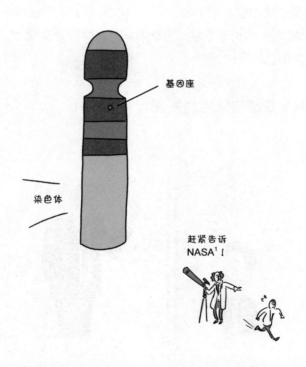

基因座

染色体

赶紧告诉
NASA[1]！

1　即美国航空航天局。

155 DNA

deoxyribonucleic acid

▶ 基因的基础零件

即脱氧核糖核酸，用于存储遗传信息和控制基因表达，由瑞士生物化学家 F. 米歇尔于 1869 年发现。到了 1952 年，经美国科学家 A. D. 赫尔希和 M. 蔡斯的实验发现，DNA 正是基因的实质。DNA 是一种以脱氧核糖、磷酸、碱基为基本结构的化合物，其中还包含磷酸双酯键，当这些连接在一起，就"扭"成了链状的 DNA 分子。DNA 分子通常会以双螺旋（第 202 页）结构储存在细胞核内，但在细胞分裂期，它们会折叠为染色体结构。

▶DNA 双螺旋结构的发现

当时在剑桥大学进行研究的沃森和克里克于 1953 年发现了 DNA 的双螺旋结构。

196

▶DNA 的结构

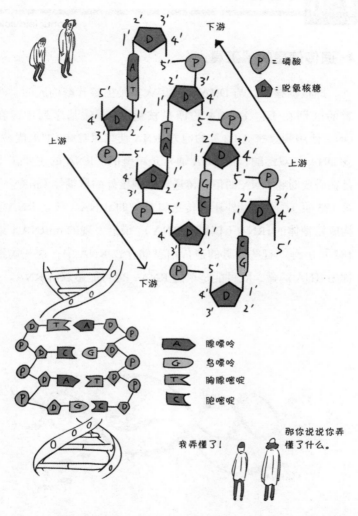

DNA 分子的结构特征：①双螺旋的直径保持不变；②右旋；③两条链呈反向平行；④含氮碱基的外部有空隙，且有"大沟、小沟[1]"之分。

---

1 大沟（major groove），小沟（minor groove）。

ribonucleic acid

▶ 遗传信息的"工具人"

即核糖核酸，与 DNA 一样，大多是由核苷酸构成的。两者的区别在于：① RNA 的糖是核糖[1]；②碱基序列中，在 DNA 使用胸腺嘧啶（T）的地方，RNA 使用尿嘧啶（U）代替；③ DNA 是双链的，而 RNA 通常是单链的。RNA 的主要作用是在必要时将 DNA 的信息传递到细胞核外的核糖体（mRNA，第 183 页）。除此以外还有传送氨基酸的 tRNA（转运 RNA）、构成核糖体的 rRNA（核糖体 RNA）、最近发现的 miRNA（第 182 页）等。有些病毒的遗传信息储存在 RNA 中，这些病毒称为 RNA 病毒，既可能是单链 RNA，也可能是双链 RNA。

---

1 DNA 和 RNA 在其骨架中有不同的糖，其中 DNA 的糖是脱氧核糖。

157 蛋白质

▶ 构成生命基本的高分子

　　蛋白质是由 20 种 L 型 α- 氨基酸构成的高分子有机物，可以说，生物一半是水，一半是蛋白质。蛋白质种类极多，人的身体中就有约 10 万种。蛋白质机能多样，包括了眼球晶状体的晶状体蛋白、使皮肤保持弹性的胶原蛋白以及指甲和毛发等角质组织的角蛋白等。蛋白质的性质取决于其氨基酸的数目、种类、排序，并在立体结构下获得活性。蛋白质的结构取决于氨基酸的排序，而 DNA 掌握着该排序的信息。

蛋白质

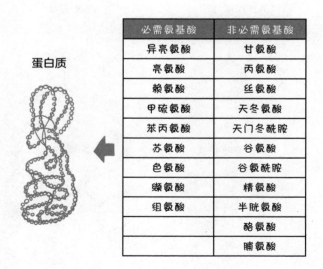

必需氨基酸	非必需氨基酸
异亮氨酸	甘氨酸
亮氨酸	丙氨酸
赖氨酸	丝氨酸
甲硫氨酸	天冬氨酸
苯丙氨酸	天门冬酰胺
苏氨酸	谷氨酸
色氨酸	谷氨酰胺
缬氨酸	精氨酸
组氨酸	半胱氨酸
	酪氨酸
	脯氨酸

碱基序列

nucleotide sequence

▶ 决定遗传信息的组合

即 DNA 分子内 4 种碱基的排列顺序，也就是腺嘌呤（A）、胸腺嘧啶（T）、胞嘧啶（C）、鸟嘌呤（G）的排列顺序。遗传信息取决于碱基序列，即这 4 种碱基的排序决定要表达哪种蛋白质。另外，在 DNA 使用胸腺嘧啶的地方，RNA 使用尿嘧啶代替。在 DNA 双螺旋结构中，两条链之间的这 4 种碱基在氢键的连接下实行互补配对：A 与 T 相连，C 与 G 相连。

A：腺嘌呤   T：胸腺嘧啶

C：胞嘧啶   G：鸟嘌呤

159 核苷酸

nucleotide

►DNA 分子的素材

　　脱氧核糖与 A、T、G、C 四种碱基中的任意一种结合后会形成化合物"核苷"，如果核苷中的脱氧核糖 5' 的位置（5 号碳原子）连接着磷酸，就构成核苷酸。核苷酸在构造高分子有机化合物——DNA 分子的时候，会在脱氧核糖 3' 的位置与相邻的核苷酸结合。DNA 由此具备了方向性，并在两条反向平行的多核苷酸的基础上构建起双螺旋结构。

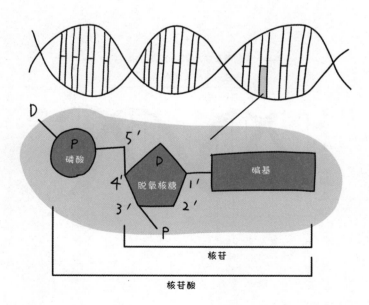

201

160 双螺旋

▶ 使 DNA 稳定运作的结构

现在的初中生都知道，DNA 的结构是一个像旋转甜甜圈的双螺旋，但其实人们发现这个知识点的时间并不长。出生于奥地利的生物化学家夏尔加夫最早于 1949 年发现：DNA 中 A 与 T 数目相等，G 与 C 数目相等。英国生物物理学家 M. 威尔金斯又进行了 X 射线实验研究。最终，1953 年，两位分子生物学家——美国的 J. 沃森和英国的 F. 克里克发现了双螺旋结构。双螺旋是一个非常可靠的结构，既保持了遗传信息的稳定，又确保了 DNA 复制的准确度。

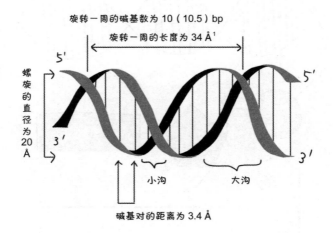

旋转一周的碱基数为 10（10.5）bp

旋转一周的长度为 34 Å[1]

螺旋的直径为 20 Å

小沟　　大沟

碱基对的距离为 3.4 Å

1　Å 是长度单位"埃"的符号，1 埃等于 0.1 纳米。

161 遗传信息

▶ 代际传递的各种信息

即亲代通过遗传向子代传递的信息。除了基因，遗传信息的载体还包括参与基因表达的细胞内系统。作为遗传信息最重要的载体，当需要合成蛋白质时，基因会把自身的 DNA 序列转录到互补的 mRNA（第 183 页），接收了信息的 mRNA 则会离开细胞核并附着于细胞质中的核糖体，最后相关信息会在核糖体翻译成氨基酸序列，由此合成出蛋白质。蛋白质机能的多样性是遗传性状表达的基础。

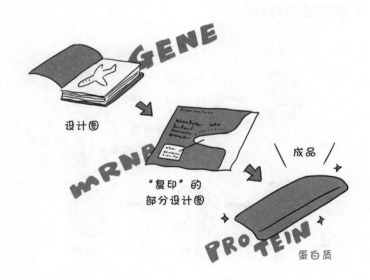

设计图

"复印"的
部分设计图

成品

蛋白质

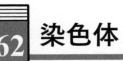

162 染色体

▶ 将基因送到新细胞的"包裹"

广义上的染色体也包括细菌或线粒体的基因组，狭义上的染色体指真核细胞分裂期的棒状结构，该结构源于染色质的结构变异，即 DNA 与组蛋白的复合体的结构变异。细胞内至少有一对同源染色体，这对染色体的形状大小相同，且其中的同源基因或等位基因的排序相同。同源染色体组成的集合称为常染色体。人体细胞共有 44 条常染色体，另有 2 条决定性别的性染色体。

▶ 图解细胞分裂

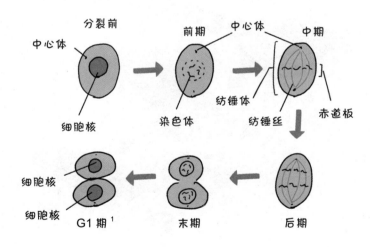

分裂前

中心体

细胞核

前期

中心体

中期

染色体

纺锤体

纺锤丝

赤道板

细胞核

细胞核

G1 期[1]

末期

后期

1　G1 期是细胞周期的第一阶段。上一次细胞分裂后，产生两个子代细胞，标志着 G1 期的开始。

204

163 减数分裂

▶ 为产生配子进行的特殊分裂

即为产生配子（精子和卵子）进行的细胞分裂。减数分裂后，人体受精卵的细胞核内的 46 条染色体会减半至 23 条，否则每次受精后 DNA 的数目都会翻一番。减数分裂与体细胞分裂不同，分为两个阶段：① DNA 进行复制，并作同源染色体联会，DNA 进行部分重组；②翻倍的染色体首先通过第一次分裂回到原来的数目，再通过第二次分裂将数目减半。在减数分裂下，染色体联会时 DNA 得到修复，且 DNA 的重组也促进了遗传的多样性。

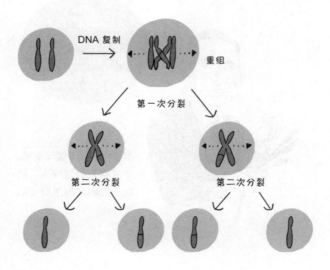

基因组

genome

▶ 个体携带的全部 DNA

按照现代定义，基因组指生命体 DNA 上的全部遗传信息。以前，基因组指的是生殖细胞中的所有染色体，有性生殖的个体会被视为有两组基因：一组来自父方，一组来自母方。真核生物的基因组仅有一小部分具备基因功能，而原核生物的基因组相当大的部分都具备基因功能。

地球的历史存在于地层中，而全部生物的历史深深地刻在染色体中。

木原均，日本遗传学家，小麦祖先的发现人，活跃于植物基因组研究的第一线。

▶DNA 的所有遗传信息（基因组）

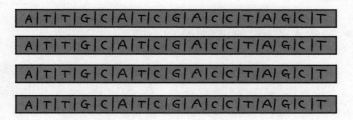

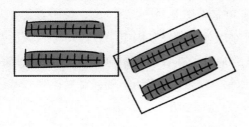

▶ 基因组大小与基因数目

生物名称	基因组大小 （碱基对）	基因数目 （推定值）
人类	30 亿	2 万 1000
家鼠	26 亿	2 万 5000
果蝇	1 亿 8000 万	1 万 3700
拟南芥	1 亿 1800 万	2 万 5500
面包酵母	1200 万	5800
大肠埃希氏菌	460 万	4400

165 人类基因组

▶ 每个人的基因组都有些许不同

　　如果定义生殖细胞中的所有染色体是基因组，那么构成 23 条染色体的 DNA 总和就是人类基因组。由于细胞核中有两组基因组，所以 DNA 的所有遗传信息就在那 46 条染色体中。人类基因组共有约 30 亿对碱基对（简称 bp），编码着约 2 万 1000 个基因，另外基因就分散在基因组中。1990 年，人类基因组计划在美国正式启动。在各国的参与下，该计划最终在 2003 年完成，由此确定了人类基因组上的碱基对排列和基因位置，且所有成果都已全部公开。

▶ 人类基因组计划的目的是勾勒出人类基因的地图

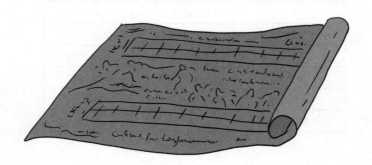

▶ 染色体 [1] 由人类基因组构成

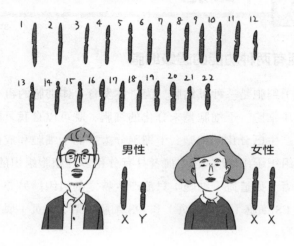

男性　X Y　　女性　X X

▶ 简述 1 号染色体

有 2 亿 7900 万 bp，基因数为 3186 个。
里面有 ACTA1（骨骼肌肌动蛋白）基
因和 AMYIA（淀粉酶）基因，其中前
者关乎肌肉形成，后者与唾液有关。

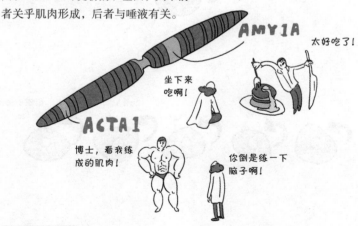

AMY1A

太好吃了！

坐下来
吃啊！

ACTA1

博士，看我练
成的肌肉！

你倒是练一下
脑子啊！

1　生殖细胞中的染色体数目是体细胞的一半，且不成对存在。

209

166 干细胞

stem cell

▶ 拥有两种功能的超级细胞

　　干细胞是一种母细胞，为个体发育、体细胞的再生和维持提供细胞。干细胞是未分化的细胞，既可以自我复制，又可以产生已分化的细胞。干细胞分为多能干细胞和成体干细胞（组织干细胞），其中前者具有分化多种细胞组织的潜能，而后者（如造血干细胞）只能产生特定的组织。另外人工培育的 ES 细胞（第 232 页）和 iPS 细胞（第 233 页）属于多能干细胞。

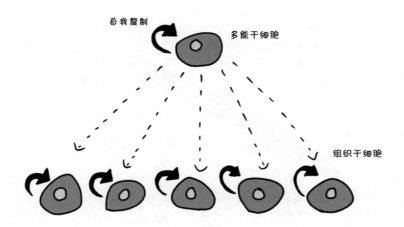

自我复制　　多能干细胞

组织干细胞

167 成纤维细胞

fibroblast

▶ 各司其职的已分化真皮细胞

　　成纤维细胞由真皮干细胞产生，是构成动物结缔组织的主要细胞，可形成胶原纤维、弹性纤维、网状纤维等纤维成分。当这些组织因疾病或外伤出现破损时，真皮干细胞会产生新的成纤维细胞，使之恢复如初。成纤维细胞是各种细胞中最容易培育的，且在 20 世纪初期人们就已经培育过。

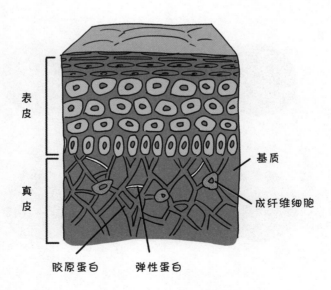

表皮

真皮

基质

成纤维细胞

胶原蛋白　　弹性蛋白

168 逆转录病毒

retrovirus

▶ 推动进化的致病病毒

即带有逆转录酶的 RNA 病毒，如诱发获得性免疫缺陷综合征的 HIV（人类免疫缺陷病毒）。所谓逆转录，即把 RNA 的信息变换为 DNA 的过程 [1]，逆转录病毒由此把自身的遗传信息整合到宿主的基因组中。但是，生物的遗传信息也由此跨越了物种界限，为生物进化发挥了重要作用。

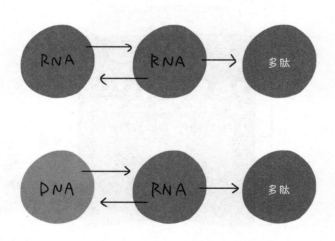

1　即以 RNA 为模板合成 DNA 的过程。

169 遗传同化

genetic assimilation

▶ 环境变化也会改变遗传性状

即环境变化引起的性状变异向后代稳定遗传的现象。以有一对翅膀的黑腹果蝇为例，如果用乙醚蒸气对它的卵进行处理，就有可能孵出有两对翅膀的个体；如果对该个体之后每一代的卵都做同样处理，那么后代出现两对翅膀的概率会与代际成正比。而从第 21 代开始，即使不再作处理，两对翅膀的个体也会继续出现。也就是说，如果多个世代都持续经受相同的环境变化刺激，那么即使基因没有变化，基因的表达模式也会发生改变并保持下去。另外，如果持续稳定的环境变化使变异固定下来，就有可能引起较大型的生物进化。

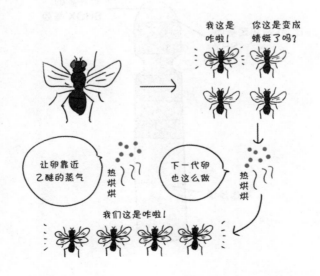

213

SRY 基因

sex-determining region Y gene

▶ 决定性别的基因

　　SRY 基因是位于哺乳类 Y 染色体上的性别决定基因，在 1990 年被发现。如果这个基因在胎儿期显现，胚胎就会向雄性分化（第 236 页）。由于 SRY 基因的显现时间很短，可知它只是胚胎向雄性分化的"导火索"（引起雄性基因被激活的连锁反应）。另外，因物种不同，性别分化基因也各异，在哺乳类中的单孔类和部分鼠类就没有 SRY 基因，因此，在哺乳类中属于独特的分支。

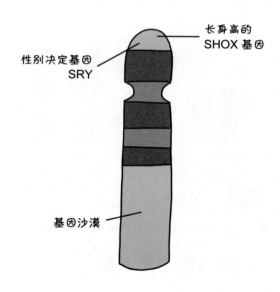

长身高的
SHOX 基因

性别决定基因
SRY

基因沙漠

171 异时性

▶ 开关时机的调整

即通过更改某基因群的表达时间，来实现控制基因表达的目的，从而使性状发生改变。例如，恐龙之一的"三角龙"之所以头上长着很大的角（性状），是因为它的角的生长基因一直处于激活状态。但如果这个基因在它的成长初期是处于"关闭"状态的，那么我们现在看到的三角龙的角都会是很小的。由此可见，基因表达的时间稍有偏差，生物的形态也差之千里。

发抖

冒汗

按下

基因开关

172 异位

heterotopy

▶ 基因的表达位置发生改变

即基因群"跨属地"表达的现象。脊椎动物之所以有颚部，就和异位机制有关：早期的脊椎动物是没有颚部的，只能用软管一般的口来吸食养料，而参与形成这个口部的基因群在某个时候稍稍向后方移位，使原本支撑鳃部的骨头（鳃弓）进化为颚部，因此有颌类在很短的时间内就出现了。可见，异位是宏观进化的关键一环。

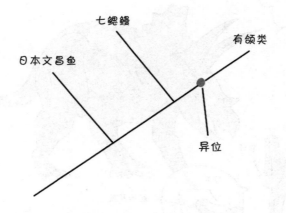

173 TALEN

▶ 基因治疗的新技术

　　全称为"转录激活样效应因子核酸酶"[1]，与 CRISPR-Cas9 技术一样，都是基因编辑的主要技术。TALEN 技术所用到的 TAL 蛋白质可由人工制作，在自然界中则由植物病原体生成，并与宿主的 DNA 序列结合，而该性质可以帮助我们剔除基因中的某些特定部分，以达到基因治疗的目的。如提取基因疾病患者的细胞、剔除其异常部分，使之恢复正常后，再重新植入患者身体以根除病因。相关的基因编辑技术正引领各领域的技术创新。

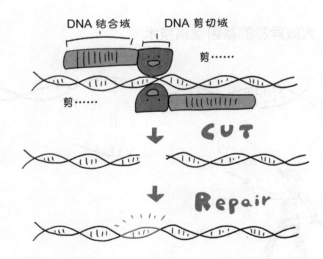

1　Transcription Activator-like Effector Nuclease.

CRISPR-Cas9 技术

CRISPR-Cas9

▶ 现代基因工学最强大的武器

　　该技术可用于剪切基因组中的任意片段，操作原理来自细菌免疫系统的运作机制：病毒入侵后，细菌细胞的 Cas 蛋白质会切断病毒的 DNA，使之在名为 CRISPR 的基因组区域里被"拉黑"，然后"拉黑的名单"又会被转录到向导 RNA（第 220 页）。若以后病毒再次入侵，向导 RNA 就会识别出病毒的 DNA，再由 Cas 将之破坏。同理，我们可以先确定细胞中要处理的 DNA 序列，并设计好相对应的向导 RNA，然后结合并引导 Cas9 蛋白质到达目标位置以进行基因编辑。

▶ 大放异彩的基因编辑技术

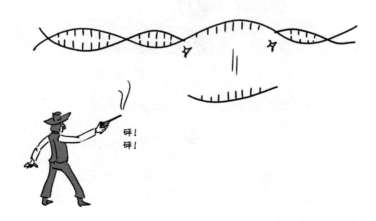

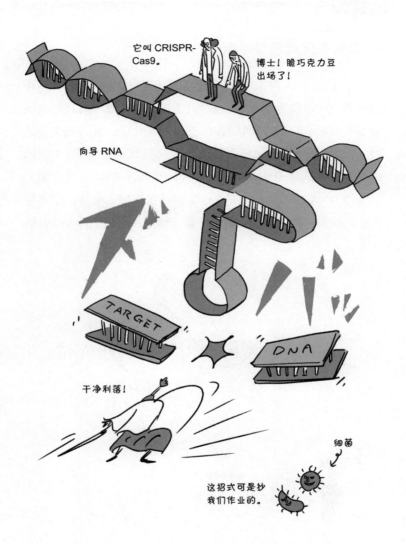

219

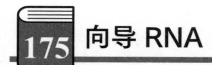

175 向导 RNA

▶ 指引去天堂还是地狱呢?

顾名思义,即负责"带路"的 RNA,简称 gRNA。在 CRISPR-Cas9 技术原理中,名为"CRISPR 区域"的基因组区域会吸收被 Cas 蛋白质切断的病毒 DNA 片段,并将相关信息转录给 RNA。于是在病毒再次入侵的时候,这个 RNA 就能识别相关的病毒 DNA。这个 RNA 就是向导 RNA,当它识别到病毒 DNA 时,就会带着 Cas 蛋白质过来将其破坏。很多种 Cas 蛋白质都能与向导 RNA 结合,而 Cas9 则用于基因编辑操作。

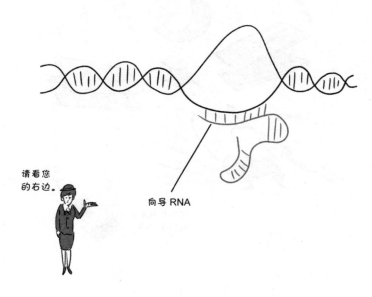

请看您的右边。

向导 RNA

176 脱靶效应

off-target effect

▶ 基因操作中的失误

所谓基因操作，就是在长长的 DNA 链中，对特定的片段进行删减或替换的技术。在已确定目标 DNA 片段（on-target）的情况下，由于识别错误等原因，难免会错误剪除或激活其他的基因（off-target）。如果误操作涉及重要基因。那么十有八九会产生不良反应，比如癌变。

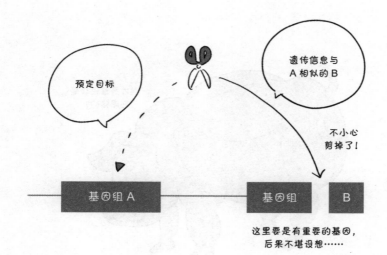

预定目标

遗传信息与 A 相似的 B

不小心剪掉了！

基因组 A

基因组 B

这里要是有重要的基因，后果不堪设想……

177 基因敲除

▶ 让某种性状不表达的技术

这是一种用于培育基因表达功能不全的生物个体的基因工学技术，主要原理是：将被剔除了部分表达功能的基因植入生物细胞中，使之与细胞原来的基因进行重组。最近 CRISPR-Cas9 技术也被广泛用于剪切目标基因，而基因敲除技术则用于研究那些已知碱基序列但功能不明的基因，例如，如果敲除了某个体的 A 基因后，它的肌肉量比正常同类多出好几倍，那么就可得知 A 基因是控制肌肉生长的基因。与之相似的技术有"基因敲减"[1]，其目的仅是降低基因表达的程度。

刚才是谁说我是死肥猪的？

1　基因敲减，gene knockdown。

基因敲入

gene knockin

► 可任意使特定性状表达的技术

　　基因敲入与基因敲除同理，也是基因操作技术的一种，通过编码蛋白质的互补 DNA（cDNA，经逆转录由 mRNA 合成的 DNA）序列插入染色体中特定的基因座，以研究基因表达的控制机制，或在实验动物身上观察某种特定基因的功能。

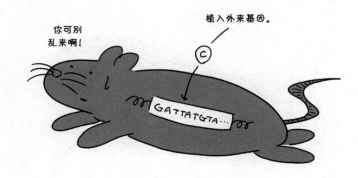

你可别
乱来啊！

植入外来基因。

GATTATGTA…

179 同源异型基因

Homeotic genes

▶ 决定生物外形的基因

生物的各种基因中，同源异型基因就是典型的决定外形的基因。在动物界中存在着这样一种基因群：在发育初期决定躯体蓝图（第140页）以及连接身体前后两端的轴。而对于以身体中心线为轴的左右对称动物而言，这个基因群是必然存在的，并且其表达组合决定了左右对称结构出现在身体的哪些地方。无脊椎动物和脊椎动物的同源异型基因是基本相同的。

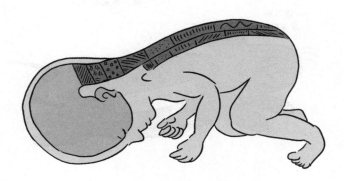

180 Pax-6

Pax-6

▶ 与眼睛形成有关的基因

Pax-6 是与生物眼睛形成有关的基因，又称"无眼基因"（eyeless gene），既存在于无脊椎动物，又存在于脊椎动物。而对果蝇而言，如果这个基因出现异常，那么相关个体就会天生没有眼睛，所以果蝇的 Pax-6 基因又称为无眼基因。脊椎动物的 Pax-6 和果蝇的无眼基因虽基本一样，但还是有区别的。曾有实验将老鼠的 Pax-6 植入果蝇眼部发育位置以外的地方，使之强行表达，然后在该地方出现的居然不是老鼠的眼睛，而是果蝇的复眼。可见性状表达既取决于基因的差别，又与表达的场所有关。

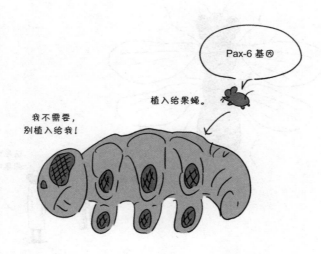

225

181 双胸变异体

Bithorax

▶ 出现双重胸廓的变异体

　　如同第 213 页所介绍的有两对翅膀的案例，如果是后胸变异成中胸的果蝇，则称为双胸变异体[1]。如果该现象属于遗传同化，那么起因要么是一直"按兵不动"的基因被激活了，要么是一直发挥功能的基因被"打入冷宫"了。这种变异的存在表明，表现型的改变不一定都与基因突变有关。但基因突变也确实有可能产生同样的双胸变异体，而这种情况的起因，则是作用于后胸的基因群变成了作用于中胸的基因群。由此可见，不同的机制也有可能导致同样的改变。

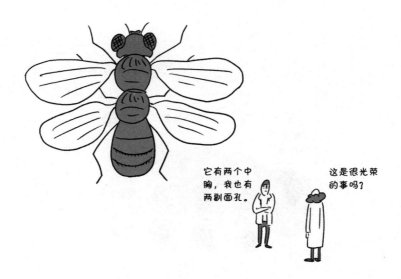

它有两个中胸，我也有两副面孔。

这是很光荣的事吗？

1　即果蝇成虫第三胸节段（T3）变得像正常果蝇的第二胸节段（T2）。

DNA 甲基化

DNA methylation

▶ 控制基因"激活按钮"的机制

　　DNA 甲基化是左右基因表达模式的主因之一。从 DNA 的上游到下游，如果 CG 碱基对中的 C 连接了甲基，就会导致 DNA 甲基化。甲基化会抑制基因表达，由此可见，基因也有可能因为自身以外的原因而不表达。

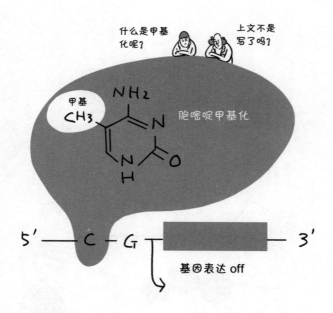

227

183 表观遗传学

▶ 在碱基序列不变的前提下表现型发生改变

与 DNA 的甲基化同理，是在碱基序列不变的基础上控制基因表达的机制或相关研究领域。表观遗传是一种不同于基因突变的基因控制机制，使遗传信息可以通过细胞分裂在新旧细胞间传递的同时，又能在碱基序列不变的前提下改变表现型并使之遗传。可见，这种在 DNA 层面以外的稳定的遗传机制，也是生物进化的一个推手，但该机制的可控性仍存疑。

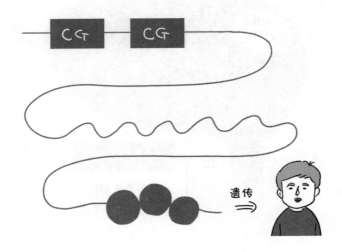

184 基因驱动

▶ 基因的偏向性遗传现象

　　即特定的基因或基因群的偏向性遗传现象，既可在自然状态下发生，又可通过基因编辑实现，而后者的目的是实现某特定遗传性状的传递。在基因驱动技术的应用下，经过基因编辑的生物会对野生生物的性质有何影响？学界仍在进行相关研究。

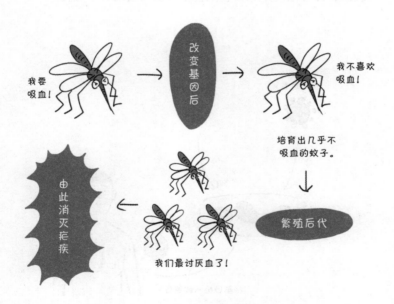

185 运载体

▶ 从细胞外植入 DNA

即载具、中介的意思，在基因工学上，指将外来 DNA 运送至宿主细胞或细胞核的"网约车"。其主要原理是：先选择合适的质粒或噬菌体[1]，然后将外来基因植入其中，使之具备在宿主体内复制、转录、翻译的功能，再将相关质粒或病毒植入细胞中以进行基因操作。不过这个方法无法做到"精准投放"，即无法决定相关基因会植入基因组的哪个位置。

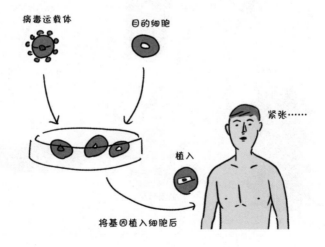

病毒运载体　目的细胞

植入

紧张……

将基因植入细胞后

1　噬菌体属于病毒。

230

同源重组

Homologous recombination

▶ 自然发生的基因重组

即含有同源序列的 DNA 分子之间的重新组合，在此作用下，DNA 分子链会发生互换。同源重组一般发生在细胞减数分裂时期的同源染色体，且具有重要的基因修复功能。同源重组带来的碱基序列变化还能促进生物进化，助力新物种的诞生。

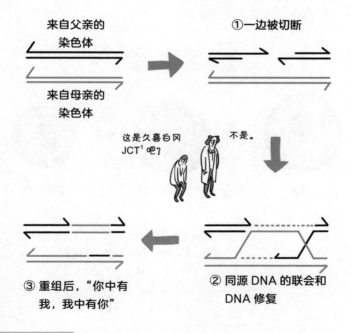

来自父亲的染色体

来自母亲的染色体

①一边被切断

这是久喜白冈 JCT[1] 吧？　　不是。

③ 重组后，"你中有我，我中有你"

② 同源 DNA 的联会和 DNA 修复

1　久喜白冈 JCT（JCT 是道路的连接处）位于日本久喜市和白冈市交界，连接日本东北机动车道和首都圈中央联络机动车道。

187 ES 细胞

embryonic stem cell

▶ 来自胚胎的干细胞

即胚胎干细胞。在受精后的早期胚胎阶段，胚胎内部的细胞群会分离出 ES 细胞，这种未分化的干细胞能分化成多种细胞，所以被称为万能细胞。1998 年，美国细胞生物学家 J. 汤姆森在他发表的报告中指出了从人的胚盘分离、培养和增殖 ES 细胞的方法。这个研究成果有望免除许多病人的移植手术负担，但获取该细胞的过程必然会破坏胚胎，即扼杀一个生命，因此也引发了伦理争议。

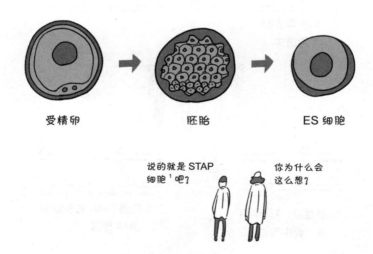

受精卵　　　　　　胚胎　　　　　　ES 细胞

说的就是 STAP
细胞[1] 吧?

你为什么会
这么想?

1　STAP 细胞事件：2014 年，日本理化学研究所小保方晴子的团队宣布成功制作出一种全新的"万能细胞"STAP 细胞，但最终被证明是学术造假。

188 iPS 细胞

induced pluripotent stem cells

▶ 从体细胞生成的干细胞

　　iPS 细胞是一种人工多能干细胞，于 2006 年问世，由日本医学家山中伸弥的团队发明创造，山中伸弥也因此获得了诺贝尔生理或医学奖。这种万能细胞制作简便，只需将很少的因子植入成纤维细胞等人类体细胞中，就可以用自己的体细胞来培养。该细胞更无须使用胚胎，因此既不存在伦理问题，又不用担心排斥反应，是再生医疗的划时代进步。一开始这个方法存在着细胞癌化的风险，不过现在已在逐步改善。

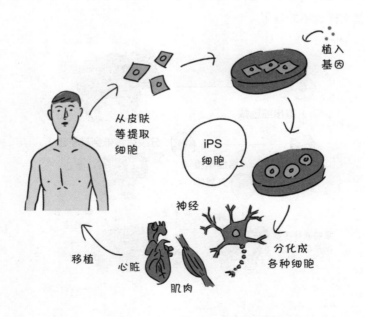

从皮肤等提取细胞

植入基因

iPS 细胞

神经

分化成各种细胞

移植　心脏

肌肉

233

189 克隆

► 与原个体遗传信息相同的复制体

即与原个体基因完全相同的细胞或个体，原指由扦插法或压条法培育的植物后代。1987 年，通过取出发育初期的牛受精卵，然后将受精卵细胞分裂产生的细胞进行分割并移植，美国成功培育出了克隆牛（受精卵克隆牛）。1996 年，由体细胞克隆而来的克隆羊多莉在英国诞生后，更是成为舆论焦点。只要不发生基因突变，克隆出来的细胞和个体在基因型和表现型上会保持一致，所以实验用的老鼠等都是克隆出来的。出于伦理考虑，目前世界各国都一致禁止克隆人，但以后会怎么样就不知道了。

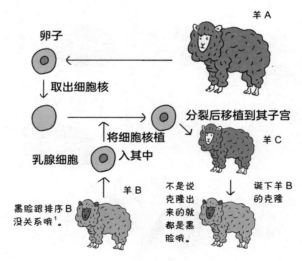

---

1 英语中"黑色"的首字母是 B。

190 设计婴儿

designer baby

▶ 人也可以"定制"？

即通过对受精卵进行基因操作，使孩子"天生具备"某些特定能力或身体特征的人工技术。该技术的初衷是消除基因疾病，但随着人类基因组计划的完成，人们也开始讨论：能否借此帮助各个父母打造他们心目中的完美后代？而在 2015 年，中国已经有了对人类受精卵进行基因编辑的实际案例[1]。但从目前来看，各界对这个技术的应用还是比较谨慎的，原因有三：①现在的技术条件并不能保证如愿以偿；②对人的受精卵进行直接操作，会引发伦理问题；③对性状的刻意筛选，会让人联想到优生思想。

妈妈，我发现胎内的空间比率呈现出斐波那契数列的特征哦。

受精卵

基因编辑

1　2015 年 4 月，中山大学的科研人员修改了人类胚胎的基因，属世界首次。

235

减数分裂的时候
进行联会……

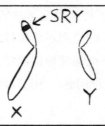

原本 Y 染色体上的 SRY 可能会转移到 X 染色体。

如果卵子与携带这条 X 染色体的精子结合形成 XX 受精卵，则生女孩。

如果与失去了 SRY 的 Y 染色体配对形成 XY 受精卵，则生男孩。

1　漫画反映了 SRY 转移引发了罕见的性别错位，导致发育异常。